検証 自衛隊・南スーダンPKO

半田 滋
Shigeru Handa

検証 自衛隊・南スーダンPKO

融解するシビリアン・コントロール

岩波書店

はじめに――「日報」隠蔽問題が突き付けること

「シビリアン・コントロールの不在」と「逆シビリアン・コントロール」

自衛隊はどこへ向かうのだろうか。

アフリカの南スーダンにおける国連平和維持活動(United Nations Peacekeeping Operations＝ＰＫＯ)への参加は、そう考えさせられる問題山積の海外派遣だった。

注目を集めたのは自衛隊の活動そのものよりも、「日報」の問題である。「日報」は派遣された部隊が日々の活動を本国の陸上自衛隊に報告するため毎日作成する。情報公開法にもとづく市民の開示請求に対し、一度は存在しないことを理由に不開示と回答したものの、自民党議員からの指摘で再探索するとたちまち見つかり、「日報」は開示された。

当初、存在せず不開示とした理由は、ひとたび開示すれば、次々に開示を要求されると考えた制服組幹部がサボタージュを決め込んだことにある。その判断に合わせて全国の部隊に「日報」の廃棄を命じるという大規模な隠蔽《いんぺい》工作が行われた。

隠蔽工作は制服組にとどまらなかった。防衛省の背広組トップの事務次官がほかにも「日報」が存在するとの報告を受けたにもかかわらず、「すでに公開しているから公表する必要はない」と決めつけ、制服組トップの陸上幕僚長も巻き込んで「ない」ことにした。

背広組・制服組の双方、すなわち防衛省・自衛隊による組織ぐるみの隠蔽工作が実行されたのである。これにより政治家が自衛隊を統制するシビリアン・コントロールに赤信号が点いた。では、政治家でもある防衛相は「被害者」だったかといえば、そうとは言い切れない。

防衛大臣室で行われた最高幹部会議で稲田朋美防衛相は「明日なんて答えよう」と話したとの手書きのメモが残る。あらたな「日報」の存在を聞かされ、戸惑いながら制服組・背広組と一緒になって隠蔽した疑いが浮上したが、防衛省の内部調査ではうやむやのままとなった。

防衛省・自衛隊が隠したかったのは、「日報」そのものにとどまらない。「日報」問題をめぐる野党の追及材料をできる限り少なくするため、安倍晋三政権で浮上した数々の問題の中でも「日報」問題は「それほど大きくない」と見せかけることに狙いがあった。問題の矮小化である。

「日報」問題と同時進行の形で森友学園問題が浮上した。高い内閣支持率に支えられてきた安倍政権が直面した初めてのスキャンダルである。次に南スーダンＰＫＯの「日報」問題が追い撃ちを掛けた。この局面で政権を擁護するため、「日報」問題の延焼を食いとめようと防衛省ぐるみで懸命に隠蔽を重ねたのではないだろうか。

その結果、行われたのはこういうことである。情報公開請求から逃れるため存在した「日報」を「ない」と偽って、まず国民の「知る権利」を踏みにじる。その後の探索で見つかった「日報」は「時の政権」を忖度して隠蔽する。なぜ忖度するのかといえば、滅私奉公などというきれいごとではない。自らの出世欲や組織防衛の意識が忖度という欺瞞の構造を築き上げたのである。

統制不能を意味する「シビリアン・コントロールの不在」と、政治に「貸し」をつくって次には政治を統制しようと謀る「逆シビリアン・コントロール」。この二つが渾然一体となったのが「日報」問題の本質ではないだろうか。

南スーダンＰＫＯの「日報」に続いて、自衛隊のイラク派遣（二〇〇三年十二月―〇九年二月）の「日報」が開示されたことで、その疑惑は確信に変わった。イラク派遣を決断した小泉純一郎首相が「非戦闘地域」への派遣を強調したにもかかわらず、自衛隊の宿営地に向けて十三回二十二発のロケット弾が発射され、自衛隊車両は仕掛け爆弾攻撃も受けた。しかし、開示された「イラク日報」は治安状況が悪化していった二〇〇四年三月から翌〇五年三月まで一年分がごっそり消えているのである。

公文書である「日報」を廃棄しても構わないとの判断は、「日報」を扱う現場の佐官クラスでできるものではない。陸上自衛隊ぐるみ、もしくは背広組も一緒になった防衛省・自衛隊ぐるみで「非戦闘地域」との政府説明が覆るような「日報」は保存すべきではないと腹をくくったと考えるほかない。

イラク派遣の危険性が「日報」から伝わらなかったことにより、イラク派遣は「成功」との評価で終わった。この意味は大きい。「非戦闘地域」の安全性が証明されたことになり、安倍政権は安全保障関連法で自衛隊の活動地域を「現に戦闘行為が行われている現場以外」という呼び名の「戦闘地域」に拡大したからである。現状でその影響が出ていないのは、たまたま米国が海外で大規模の戦争を行っておらず、同法にもとづいて自衛隊を米軍の戦場に送り込む必要がないから表面化していないにすぎない。

空文化した参加五原則

南スーダンＰＫＯではＰＫＯ参加五原則（①紛争当事者間の停戦合意の成立（停戦の合意）、②紛争当事者の受け入れ同意（派遣の同意）、③活動の中立性の厳守、④上記の原則が満たされない場合の撤収、⑤武器の使用は必要最小限）も揺らいだ。二〇一三年十二月、そして一六年七月に政府軍（大統領派）と反政府勢力（前副大統領派）との間で大規模な戦闘が発生し、一三年十二月の戦闘をめぐっては大統領と前副大統領が「停戦の合意」を締結している。するとその後の一六年七月に政府軍と反政府勢力との間であった本格的な戦いは「停戦の合意」の破綻となり、自衛隊は撤収となるはずである。しかし、日本政府は破綻を認めず、自衛隊の部隊は「戦闘への巻き込まれに注意が必要」と報告する事態にまで追い込まれた。

政府が「停戦の合意」の破綻を認めなかった理由は、複数ある。ひとつは、米国と日本が一致協力して新興勢力である中国に対抗しているアフリカの舞台からの退場をためらったことである。例えば、アフリカのアデン湾にソマリア海賊対処として海上自衛隊の護衛艦と哨戒機が派遣されている。海賊に船舶を乗っ取られる被害は二〇一四年からの三年間、ゼロになるほど激減した。撤収を検討してもよい環境となったにもかかわらず、アデン湾に隣接するジブチに開設した事実上の自衛隊基地である「拠点」は一七年、逆に拡張された。同年八月に同じジブチに中国が初めての海外基地を開設したことと無関係ではあるまい。

アフリカで勢力を伸ばし続ける中国に対抗してアフリカ諸国への経済支援を打ち出した安倍首相は、自衛隊をジブチと南スーダンの二カ所に置くことで、日本の存在感を示し続けようとしたのではないだろうか。

しかし、南スーダンＰＫＯからの撤収を決めたことにより、ジブチからも撤退すればアフリカから自衛隊が消えることになる。防衛省はジブチを海賊対処に限定せず、恒久基地として活用を続ける方針を決めた。南スーダンからの撤収は、国会における売り言葉に買い言葉のように安倍首相が「隊員に死傷者が出た場合には責任を取る覚悟」を示したことが影響している。自ら蒔いたタネで問題をつくり、これを刈り取る形での撤収といえる。

南スーダンPKOは政治のご都合主義をも浮き彫りにした。現地の部隊が「戦闘」と報告しているにもかかわらず、国会で「衝突」と言い換え続けた稲田氏。「国会答弁する場合には、憲法九条上の問題になる言葉を使うべきではない」と強弁し、現実を政権の都合に合わせる大本営発表を彷彿とさせた。派遣継続が国策である以上、黒を白と言い換えなければならないというのだ。

無理を重ねて派遣を続行させた狙いは、安倍首相自ら「国民の理解は深まっていない」というほど拙速に成立させた安全保障関連法（安保法制）の適用第一号とすることにあったのではないだろうか。「駆け付け警護」「宿営地の共同防護」を命じることにより、安保法制は確かに既成事実化された。また同時に次のPKOは、この二つの新任務を背負うこととなり、道路補修や施設復旧といった技術力を前面に押し出してきた自衛隊のPKOは、安保法制が廃止されない限り後戻りすることはできず、結果的に次の派遣を困難にしている。

自衛隊のPKO活動はどこへ向かうのか

技術力を誇る自衛隊の南スーダンにおける施設作業はどうだったのだろうか。道路補修はアスファルトを購入できないため、雨期になると修復した道路が流れてしまい、乾期に再び修復するという「賽《さい》の河原の石積み」のような作業を五年にわたり繰り返してきたのだった。

ＰＫＯで初めて実施した内閣府、外務省、防衛省、非政府組織（ＮＧＯ）による「オール・ジャパン」の取り組みは治安悪化によって自然消滅。部隊の頭越しで行われた銃撃戦により自衛隊は宿営地から出ることができなくなり、流入する避難民の支援をする付け焼き刃の活動に終始した。「派遣を命じられているから活動する」といった目標なき活動に陥ったのである。

南スーダンＰＫＯほど自衛隊が時の政権に政治利用された海外派遣はなかった。民主党政権による突然の派遣決定も、安倍政権下での治安悪化後の派遣の続行も、新任務の付与も、撤収も、すべて時の政権の事情が最優先された。このような政権のやりたい放題は結局、政治が自衛隊に「借り」をつくることになる。

十一年連続して減り続けていた防衛費は第二次安倍政権になって六年連続して増加に転じ、二〇一八年度防衛費は初めて五兆円を突破した。導入する武器類は、攻撃的兵器に変わりつつあり、離島防衛を大義名分にした弾道ミサイルの開発費が盛り込まれた。安倍首相がトランプ米大統領と約束した「米国製武器の追加購入」として急遽《きゅうきょ》、米国製などの長距離巡航ミサイルの導入費も計上された。海上自衛隊が創設以来の悲願としてきた航空母艦（空母）の建造について、自民党国防部会は理解を示した。空母は洋上の出撃基地であり、明らかに攻撃的兵器である。

「専守防衛」「軍事大国とならないこと」「文民統制の確保」などを定めた防衛の基本政策が揺らいだ背景に、無理を重ねた南スーダンＰＫＯの影が見え隠れする。

安倍政権は内閣府のポータルサイトで北朝鮮の弾道ミサイルを想定した避難訓練を呼びかけ、自ら「国難突破解散」（二〇一七年九月）と称してまで北朝鮮の脅威をあおり続けた。朝鮮半島で見え始めた緊張緩和の動きを受けて、次にはどの国を「脅威」と位置づけるのだろうか。間違いなく中国であろう。その点では安倍政権と自衛隊の利害はぴったり一致する。陸海空の三自衛隊は、いずれも中国の軍事力強化に対抗するように部隊の南西諸島への配備を計画し、艦艇、航空機を東シナ海へ差し向けている。

南スーダンからの撤収により、アフリカで築かれつつあった日米vs.中国の構図が破綻しても、日本と中国のホームグラウンドである東アジアで危機感を高めれば、政権の求心力は維持もしくは強化される。

内閣府が一八年一月に行った「自衛隊・防衛問題に関する世論調査」によると、自衛隊に対して良い印象を持っていると答えた人は約九割に達した。自衛隊に期待する役割は、トップは災害派遣で七九・二％、国の安全確保は二番目で六〇・九％だった。

国民が自衛隊に接する場面はおそらく災害派遣であろう。迷彩服で献身的に働く姿が自衛隊の好感度を押し上げている。過去の世論調査でも同様の結果が出ており、災害救援隊としての自衛隊の認知度は最高点に達したといえるだろう。

「防衛計画の大綱」が「冷戦期に懸念されていたような主要国間の大規模武力紛争の蓋然性は、引き続き低いものと考えられる」と明記しながら、「我が国を取り巻く安全保障環境は、一層厳しさを増している」と書くのは明らかに矛盾している。「主要国間の大規模紛争の蓋然性は低くなり、その結果、我が国を取り巻く安全保障環境は緩やかになっている」と記さなければ論理的に筋が通らない。

見通せる将来において、日本が本格侵略される可能性が低いのならば、当然、自衛隊のあり方も変化しなければならない。国内においては災害派遣を通じて国民の公共財として働き、また海外では平和構築のための国際貢献に汗を流すべきだろう。自衛隊はＰＫＯばかりでなく、能力構築支援、「パシフィック・パートナーシップ」など、さまざまな分野で存在感を発揮している。日本の平和主義を広げる手法としてより活用されてしかるべきだが、法律の未整備が原因で踏み込めない分野もある。

自衛隊をどのように活かすのか。

本書を通じて南スーダンＰＫＯの実態、アフリカにおける日米と中国のつばぜり合い、安全保障関連法の施行によるＰＫＯの変質などを理解してほしい。そして軍事は絵空事ではないことが分かれば、次の時代の自衛隊のあり方が議論できる。本書をそのたたき台にしてもらえたらならば幸いである。

（肩書はいずれも当時）

検証　自衛隊・南スーダンＰＫＯ

目次

目次

本書に掲載した写真のうち、出典明記がないものはすべて著者による撮影・提供。

第1章

繰り返された派遣断念

自衛隊の技術を学ぶために来日したベトナム将校団と陸上自衛隊幹部の記念写真(2013年3月)

1　あきらめたヘリコプター派遣

南スーダンにヘリコプターを派遣していたら――

やはり墜落事故は起きた。

アフリカの南スーダンに展開している国連平和維持活動（ＰＫＯ）の国連南スーダン派遣団（United Nations Mission in the Republic of South Sudan＝ＵＮＭＩＳＳ）は二〇一四年八月二十六日、「北部ユニティ州のワウからベンティウへ日常業務として物資を空輸していたミル８ヘリコプター（ロシア製）が墜落した」と発表した。この事故でロシア人の乗員三人が死亡した。

二日後、ＵＮＭＩＳＳの担当者は「調査は国連に対する敵対行為として扱っている」と発表し、撃墜された可能性を示唆した。この中で一二年十二月にジョングレイ州リクアンゴールでやはりヘリコプターが撃墜され、四人のロシア人乗員が死亡した事故にも触れた。

後にＵＮＭＩＳＳはユニティ州での事故について、乗員が「亡くなった」から「殺された」に表現を変え、撃墜事件と断定した。南スーダンＰＫＯでは少なくとも二件のヘリコプター撃墜事件が起きたことになる。

歴史に「もしも」があるならば、撃墜されたヘリコプターは陸上自衛隊のＣＨ47大型ヘリコプターだったかも知れず、亡くなったのは自衛隊員だった可能性さえある。

二〇一〇年六月、国連は翌年一月に予定されたスーダンからの独立をめぐる住民投票に合わせて、日本政府に投票箱を空輸する輸送ヘリコプターの派遣を求めた。これを日本政府が断ったことで自衛隊のヘリコプターは派遣されず、撃墜されることもなかったのである。

日本の外務省は国際貢献への協力に積極的な姿勢を示すため、輸送ヘリの派遣を求めていたが、防衛省が応じなかった。ＰＫＯをめぐり外務省と防衛省が対立する構図は、ＰＫＯ協力法が成立した一九九二年当時から変わっていない。

人的な国際貢献を通じて日本の知名度をアップさせ、悲願の国連常任理事国入りを果たしたい外務省と、外務省の思惑通りにすべての海外派遣に応じたとすれば、いつか犠牲者が出ることになり、そうなれば隊員の募集に影響し、組織維持が困難になると考える防衛省・自衛隊はいわば「水と油」の関係にある。

米国が始めたイラク戦争では、二〇〇三年七月に成立したイラク特別措置法のもと陸上自衛隊の約六百人がイラク南部のサマワに派遣された。ＰＫＯではないので国連の活動費は一円も出ない。施設復旧などの作業を急ぎたい自衛隊は資金難に直面した。そこで目をつけたのが、外務省が所管する政府開発援助（ＯＤＡ）のうち、上限は一千万円と少ないながらも在外公館レベルで適否を判断できる「草の根・人間の安全保障無償資金協力（草の根無償）」である。だが、サマワには大使館も領事館もなかった。

「人を出してほしい」。ＰＫＯをめぐり、外務省が防衛省に投げ掛け続けてきた言葉は、そっくり防衛省から外務省に投げ返された。「陸上自衛隊サマワ宿営地」の一画に「外務省在サマワ連絡事務所」がつくられ、五人の外務省職員が常駐した。宿営地が攻撃を受ければ、外務省職員も危険にさらされる。彼らを「人質」と呼ぶ自衛隊幹部も現れた。

そこまで対立した外務省と防衛省が国連からのヘリコプター派遣要請を受けた一年半後、自衛隊の施設部隊がＰＫＯに派遣されることになる南スーダンの首都ジュバで、親密に寄り添うことになる。この話は後述する。

話をヘリコプター派遣に戻そう。

国連からの要請に応じて、陸上自衛隊の行政組織であり、頭脳でもある陸上幕僚監部（陸幕）はＣＨ47を二機から三機派遣することとし、検討を始めた。当時の統合幕僚長で、現在は退官し、海外で遺棄地雷の処理を行うＮＰＯ法人「日本地雷処理を支援する会」会長を務めてきた折木良一氏は、こう振り返る。

「効率よくやろうと考えた。しかし、日本だったら当たり前にある地図がまずない。現地情勢は不案内だし、ヘリコプターの誘導はどうする、航空管制は誰がやるんだとなった。現地にロシア製のミルというヘリコプターが派遣されていたが、自衛隊と部品の融通はできない。課題を挙げていくとたった二、三機の派遣に、二百人から三百人の隊員が必要だとなった」

陸幕は見積もりを始め、ロシアのアントノフ輸送機をチャーターしてＣＨ47を空輸する案を作成した。ロシアの輸送機は英国の民間企業を通じて過去にもチャーターした実績がある。同じ空輸を米軍に依頼した場合、大型輸送機で運んでもらうことは可能だが、有償となる。その価格はロシア機と比べものにならないほど高額だ。輸送担当の陸上自衛隊幹部は「日米同盟とはいえ、商売となると話は別。海外派遣の空輸は、冷戦時代の仮想敵だった旧ソ連（ロシア）の方が米国より身近になっている」と話す。

陸幕は南スーダンへのＣＨ47派遣について、報告書をまとめ、民主党政権の北澤俊美防衛相に提出した。その報告書には「現地に武力衝突の可能性がある」との情勢分析から得た一文がすべり込ませてあった。ヘリコプターは地上から狙われたらひとたまりもない。墜落は乗員全員の死亡を意味する。ヘリコプターが襲撃を受けて墜落すれば、ＰＫＯ参加五原則（①紛争当事者間の停戦合意の成立（停戦の合意）、②紛争当事者の受け入れ同意（派遣の同意）、③活動の中立性の厳守、④上記の原則が満たされない場合の撤収、⑤武器の使用は必要最小限）のうち「停戦の合意」を欠いたことになりかねず、派遣を決めた政府が責任を問われる。

海外派遣に積極的だった民主党政権とメディア

二〇〇九年の衆議院選挙に勝利し、誕生した民主党政権は自民党政権と比べ、安全保障政策で後ろ向きとみられた。民主党政権はマイナス評価を覆すかのように積極策を選びがちだった。具体例がある。

二〇一〇年一月、中米のハイチで大地震が起きた。民主党、社民党、国民新党に支えられた鳩山由紀夫政権は、無償援助やテントなどの援助物資の供与を決定。続いて医療関係者、国際協力事業団（ＪＩＣＡ、現・国際協力機構）職員で編成する国際緊急援助隊を現地に送り込んだ。

ここまでは自民党政権で何度か行われた国際災害に対する支援態勢と変わりない。

鳩山内閣は、国連がハイチＰＫＯの要員を三千五百人増員する決議を採択したことを受けて陸上自衛隊の派遣を決定する。連立与党の代表による基本政策閣僚委員会で了承されると、北澤防衛相はただちに自衛隊に準備命令を出した。

国連によるＰＫＯ増派の決定が一月十九日、自衛隊に準備命令が出されたのは同月二十五日だから、国連の決定からわずか六日後に政府決定があったことになる。もちろん過去のＰＫＯ参加と同様、小銃、拳銃、機関銃などの武器は携行する。憲法九条で禁じた海外における武力行使をめぐり、与野党が激論を交わした過去などなかったかのようにハイチＰＫＯへの参加は政権主導で大急ぎで決まった。

ハイチにＰＫＯ参加五原則の「停戦の合意」はなかった。防衛省のＰＫＯ担当幹部は「武装勢力は組織化されておらず、国内の治安は不安定とはいえ、武力紛争には至ってない。いわゆる「予防的ＰＫＯ」なので参加五原則には抵触しない」と説明した。

民主党は〇九年の衆院選挙前に公表したマニフェストの「外交」の中で、「わが国の主体的判断と民主的統制の下、国連の平和維持活動（ＰＫＯ）等に参加して平和の構築に向けた役割を果たす」とＰＫＯへの積極参加を打ち出している。ハイチＰＫＯへの自衛隊派遣に党内から異論はなかった。

民主党と比べ、自衛隊の海外派遣により厳しい目を向けてきた社民党はどうだったのか。基本政策閣僚委員会のメンバーで、社民党の福島瑞穂党首は「ＰＫＯ参加五原則から外れる事態になれば即時撤退する」「現地での摩擦回避のため、事前に自衛隊員の研修を徹底する」との条件を出した。

これらの項目は過去のＰＫＯで当然のように示されており、自衛隊海外派遣の「歯止め」になるほどの項目ではない。別の社民党国会議員は「今回はＰＫＯというより、災害派遣の延長でしょう？　過去のＰＫＯとは別次元」と話し、派遣のハードルを下げたわけではないと強調した。

だが、政策論議を闘わせる国会で、ハイチＰＫＯへの参加の是非をめぐる議論がほぼ皆無だったのは、やはり自衛隊の海外派遣に慎重だった過去の国会とは明らかに様相が違う。民主党や社民党が野党であれば、参加の是非が大いに議論されたことだろう。しかし、この時は民主党も社民党も政権与党。過去、積極的に自衛隊の海外派遣を推し進めてきた自民党が反対するはずもなかった。

「与党＝民主党・社民党」「野党＝自民党」という構図は、自衛隊海外派遣を容易にしたのである。

しかし、南スーダンへのヘリコプター派遣は別だった。陸幕が作成した報告書を読めば、「派遣は困難だ」と誰にでも分かる。北澤氏は報告書に促されるように派遣断念を決断した。

この派遣断念をめぐり、ふだんの記事では社論が異なる『朝日新聞』と『読売新聞』が同じ論調の社説を掲載したのは興味深い。

『朝日新聞』は二〇一〇年七月十五日付社説で「スーダンＰＫＯ　目立たぬからやめるとは」との見出しで「菅政権は派遣を見送った。アフリカ内陸部にヘリ機材を送る困難さや安全性を主な理由に挙げている。破綻国家再建の試みとして、世界の注目を集める国連平和維持活動（ＰＫＯ）だけに、残念だ」「北沢俊美防衛相が百億円にのぼる経費や準備期間の長さなどをあげ、積極的だった岡田克也外相を押し切る形となった。気になるのは、防衛省が「自衛隊の評価につながらず、士気も上がらない」と、アピール度の低さを理由に難色を示した点だ」と酷評した。

一方、『読売新聞』は同月二十日付社説で「スーダンＰＫＯ　陸自ヘリ派遣見送りは疑問だ」との見出しを掲げた。本文で「菅政権は、国連スーダン派遣団（ＵＮＭＩＳ）への陸上自衛隊の輸送ヘリコプター部隊の派遣を見送ることを決定した。この判断には大いに疑問が残る。仙谷官房長官は見送りの理由について、アフリカでのスーダンまでの移動と、ヘリ部隊の運用支援に困難がある、と説明した」「陸自は結局、日本から遠く、国民の注目度も低いアフリカには行きたくないのではないか。外務省などにはそんな見方もある」と書いた。

「朝日新聞」「読売新聞」の題字がなければ、どちらの新聞の社説か区別がつかないほど論調は一致している。活動の困難さや危険性と比べ、アフリカでの活動は国民から高い評価を得られないからやめるのかと疑問を呈し、外務省と防衛省の対立にも触れている。

だが、派遣していたならば、どうなっただろうか。現実に南スーダンPKOで二件のヘリコプター撃墜事件が起きた。一度、派遣が決まれば住民投票だけで活動終了とはならない。南スーダンが独立した一一年七月から始まったUNMISSへと派遣は引き継がれていたことだろう。陸上自衛隊は自らの判断の正しさをかみしめたのではないだろうか。

危機と隣り合わせのヘリコプター派遣

CH47の海外派遣を断念したのは、これが初めてではなかった。米国によるアフガニスタン攻撃をめぐって米政府から派遣要請があった。

米軍が圧勝したかにみえたアフガニスタン攻撃だったが、情勢は二〇〇八年春から激変した。イラク戦争から戻ったイスラム原理主義勢力「タリバン」が自爆テロや道路脇の仕掛け爆弾などの新たな戦術を持ち帰り、攻勢に出たためである。

現地では空輸手段が足りず、米国は日本に輸送機または大型ヘリコプターの派遣を求めた。〇八年六月、内閣府、外務省、防衛省の十人からなる調査団がアフガン入りし、米軍や北大西洋条約機構(North Atlantic Treaty Organization＝NATO)加盟国でつくる国際治安支援部隊(International Security Assistance Force＝ISAF)司令部と調整した。防衛省での検討では、〇八年十二月にイラクでの空輸活動を終える航空自衛隊が「イラク撤退後、二年以上の準備期間が必要だ」と主張したため、まずＣ130輸送機の活用を断念した。候補は陸上自衛隊のＣＨ47に絞られた。

ＣＨ47の活用をめぐり、比較的治安が安定しているアフガン北部の主要都市マザリシャリフにＣＨ53大型ヘリコプターを派遣しているドイツ軍との連携が浮上した。ドイツはＣＨ53六機を派遣し、兵員や物資を運ぶ一般的な空輸のほか、前線で傷ついた兵士を治療しながら空輸する「メディバッグ」を行っていた。陸上自衛隊も同数のＣＨ47を派遣して、ドイツ軍と交替で空輸したり、メディバッグを行う案が固まった。

短い準備期間を想定して機体改修を最小限にとどめ、衛星電話を搭載し、地上からの銃撃に耐える防弾板を機体下部に敷くことにした。重量が増すことによるパワー不足を補うため、搭載重量を半分にするなど、運用上の検討も行われた。

だが、負傷兵を前線から救出する際に応戦すれば、武力行使とみなされかねない「駆け付け警護」に該当することが問題になった。「駆け付け警護」は文字通り、攻撃を受けている他国の部隊などを救出するため、現場へ駆け付けることを指す。その際の武器使用について、内閣法制局は「自己保存のための自然権的権利とはいえず、攻撃している相手が国または国に準ずる組織だった場合、憲法九条で禁じた武力行使にあたるおそれがある」（二〇〇二年五月十五日、参議院外交防衛委員会）との見解を示している。

報告を受けた首相官邸は、アフガニスタン派遣には新たな法律が必要なうえ、違憲となるおそれがある法案の国会提出は無理と判断し、派遣断念を決断して検討を終えた。同年七月、福田康夫首相は洞爺《とうや》湖《こ》サミットで来日したブッシュ米大統領に結論を伝えた。

この検討から、憲法九条が「戦地」派遣の是非を決める判断基準になることがあらためて政府部内で確認されたことになる。ＣＨ47は輸送機と比べ、低空を飛ぶ。イラクに派遣された陸上自衛隊部隊を視察した際、米軍のヘリコプターでバグダッドからサマワ宿営地へ向かった先崎一《まっさきはじめ》陸上幕僚長は、機内の米兵が機関銃を構え、いつでも射撃できるよう警戒している姿を目の当たりにして、こんな感想を抱いた。

「地上から攻撃されれば、いつでも応戦できる態勢を整えている。このヘリを自衛隊に置き換えると、下にいるのが盗賊や山賊などの犯罪者なら憲法上の問題に発展しないが、仮に軍隊ならば、応戦すれば武力行使になってしまう。しかし、山賊か軍隊か、上空から見分けることは不可能だ」

仮に派遣するなら、憲法からの逸脱を覚悟しなければならない。先崎氏は筆者の取材に「ヘリコプターの海外派遣は難しいと実感した」と話した。

だが、安倍晋三政権下の二〇一四年七月一日憲法解釈が閣議決定によって変更され、あらたな憲法解釈を踏まえた安全保障関連法の制定によって「駆け付け警護」は実施不可能から実施可能へと一八〇度転換した。このあと「駆け付け警護」は南スーダンＰＫＯに派遣した部隊に初めて付与されることになる（結果的に実施することなく終わった）。近い将来、ヘリコプターの海外派遣を求められたとしても、もはや憲法違反を理由に断ることはできない。危険性の是非のみが隊員の安全を守る防波堤となる。

その危険性の是非でヘリコプターの海外派遣を断念した例がある。イラク特別措置法にもとづく部隊派遣が閣議決定され、部隊の派遣準備を進める陸幕に対し、防衛庁の山中昭栄官房長が「ヘリコプターは持ち込めないのか」と聞いたところ、数日後、陸幕の担当者が分厚いレポートを持ち込んできた。すべて読めば、派遣困難と分かる内容だったという。

山中氏は「自衛隊の中では陸上自衛隊が一番、霞が関の官僚に近い。「No because(できません、なぜならば)」ではなく、「Yes but(わかりました、しかしながら)」を上手に使う。それにしても「できません」のひと言を伝えるのに大変な労力を払うものだ」と妙なところに感心したという。

そんな陸上自衛隊は一一年三月十一日に起きた東日本大震災で福島第一原発三号機の上空から、冷却のための海水をCH47二機で上空から投下した。自衛隊員は毎時五十ミリシーベルトを超える放射線量の下では原則として任務を行えない規定がある。三号機付近の上空の測定値は、五倍の二五〇ミリシーベルトを記録していた。

北澤防衛相は隊員の体への影響を心配して「すでにお子さんがある年長者の乗員にしたらどうか」と陸幕側に話したところ、「いや災害派遣で待機している乗員がローテーション通りに行います」との回答があり、この説明通り、当番の乗員が防護服に身を固め、急遽、放射線避けのチタンを床下に張った特別機で福島第一原発へ向かった。

陸上自衛隊幹部は「われわれは臆病なのではない。極めて慎重な体質、と理解してほしい」と話す。

防衛省には古くから陸海空自衛隊を現す四文字熟語がそれぞれ二つずつある。

陸上自衛隊＝用意周到、動脈硬化／海上自衛隊＝伝統墨守、唯我独尊／航空自衛隊＝勇猛果敢、支離滅裂。各自衛隊の隊員も「いい得て妙だ」という。

「石橋をたたいても渡らない」とされる陸上自衛隊はヘリコプター派遣断念の後、一転してUNMISSへの施設部隊派遣には積極的に取り組むことになる。

だろう。

2 国連から四回目の派遣要求

一貫性のない防衛政策と制服組の「逆シビリアン・コントロール」

国連の潘基文《パンギムン》事務総長は、日本の首相が毎年交代するのも「悪いことばかりではない」と感じたこと

南スーダンへのヘリコプター派遣を日本政府が断った後の二〇一〇年八月四日、来日した潘氏は北澤防衛相と面会し、あらためてヘリコプター派遣を要請した。潘氏は、国連がPKOと政治・平和構築ミッションを展開している世界二十七カ国・地域のうち十三カ国・地域がアフリカに集中し、移動手段としてのヘリコプターの需要が高いことを説明した。潘氏が「他のPKOでもよいからヘリコプターを派遣してほしい」と求めたのに対し、北澤氏は「真剣に検討していきたい」と答えた。

同年九月二十五日、国連総会などでニューヨークを訪問した前原誠司外相に会った潘氏は、再びPKOへのヘリコプター派遣を要請している。前原氏は「帰国後に検討する」と応じたが、結局、いかなるPKOへのヘリコプター派遣も実現することはなかった。

世界の多くの先進国がそうであるように、日本は軍事組織である自衛隊を国民の代表である国会議員が統制する「シビリアン・コントロール」を採用している。太平洋戦争で軍部が暴走した反省から導入された。自衛隊の組織、役割、有事の際の対応策や海外活動などは法律で定められ、PKO派遣はその都度、閣議で決まる。

だが、国会議員と自衛隊幹部との間で軍事知識の質・量に圧倒的な力量差があるのが現実である。その差は埋めがたく、政策立案の過程で国会議員が自衛隊幹部らから意見聴取したとしても何の問題もない。しかし、現実は違う。呼ばれてもいないのに制服組が出向くのだ。陸海空の各幕僚監部のうち、エリート揃いの防衛部防衛課防衛班の「防・防・防」の主な仕事のひとつに国会対策がある。制服を背広に着替えてひそかに国会議員と会い、安全保障政策について説明する。その結果、制服組の考えが国会議員の間に浸透することになる。自衛隊が政治家を統制する「逆シビリアン・コントロール」は当たり前のように実践されている。

とくに海外活動のＰＫＯは治安状況を含む現地情勢や部隊の能力を知る立場にある制服組の意見が最優先される。潘氏の度重なるヘリコプター派遣要請にもかかわらず、実現することがなかったのは制服組がヘリ派遣を嫌ったからである。

二〇一一年八月八日、潘氏は再び来日し、菅直人首相や北澤防衛相と会って、今度は前月、設立されたばかりの南スーダンＰＫＯへの施設部隊の派遣を正式に要請した。これに対し、北澤氏は自衛隊が東日本大震災で対応していることや、ハイチＰＫＯに施設部隊を派遣していることを理由に当面、司令部要員の派遣にとどめる意向を伝えた。

ところが、同年九月二日に就任した野田佳彦首相は同月二十三日、米ニューヨークの国連本部であった国連総会の演説で、南スーダンＰＫＯへの施設部隊派遣について「まず調査団を送る」と一転して派遣を約束、十一月十五日には施設部隊の派遣を閣議決定した。

ＰＫＯへの参加を呼びかけ続けた潘氏からすれば、同じ民主党政権なのに首相が代われば政策まで変わることに驚いたのではないだろうか。

民主党政権は安全保障政策について「背骨がない」と批判され続けた。自民党政権下で反対していた「インド洋の洋上補給」と「ソマリア沖の海賊対処」への対応のちぐはぐぶりをみると、ご都合主義がよく分かる。

民主党は〇九年八月の衆院選挙で政権を獲得した。防衛相になった北澤氏は、米国によるアフガニスタン攻撃が始まった〇一年以降、海上自衛隊がインド洋で続けていた多国籍軍艦艇への洋上補給について「それほど評価されていない」と終了を明言した。新テロ対策特措法が期限切れを迎えた一〇年一月、北澤氏は「たいへん評価されていた」と前言を翻す仰天発言をしたものの、インド洋から海上自衛隊を撤収させ、九年間に及ぶ長い活動を終わりにした。ここまではなんとか首尾一貫している。

ソマリア沖の海賊対処について、民主党は野党当時、警察活動であることを理由に海上保安庁が対処すべきと主張し、海賊対処法の採決でも反対した。しかし、政権を取ると手のひらを返すように容認に回り、海上自衛隊による海賊対処を続行させた。

南スーダンPKOへの対応は、首相が交代したとたんの方針変更である。コロコロ変わるのは安全保障政策ばかりではなかった。菅首相の「脱原発宣言」は後継の野田首相がうやむやにした。鳩山首相が打ち出した沖縄の米軍普天間基地移転先の「国外、県外」は自民党政権で決めた名護市辺野古に戻し、沖縄に負担を押しつけた。民主党政権は、野党時代の政策ばかりか、政権政党として打ち出した政策まで放り出したことになる。未熟な政権だったと批判されても仕方ない。

派遣に意欲的な陸上自衛隊の思惑

南スーダンＰＫＯへの派遣について、当の陸上自衛隊はどう考えていたのだろうか。実は、スーダンや南スーダンへの部隊派遣を国連に求められたのは四度目である。

アフリカ北東部にあるスーダンは、アラブ系の多い北部とアフリカ系の南部が二十年以上にわたり、内戦を続けてきた。二〇〇五年、南北包括和平合意が成立し、停戦・軍事監視やインフラ整備を行う国連スーダン派遣団（United Nations Mission in Sudan＝ＵＮＭＩＳ＝スーダンＰＫＯ）を設立。一一年七月、住民投票の結果を反映して南スーダンが北部から分離・独立すると、ＵＮＭＩＳに代わり、国連南スーダン派遣団（ＵＮＭＩＳＳ＝南スーダンＰＫＯ）が設立された。

日本への最初の部隊派遣要請はスーダンＰＫＯ設立時の〇五年にあったが、自衛隊はイラク派遣中でもあり、実現しなかった。次の要請は〇八年で、自民党政権の福田康夫首相は司令部要員二人の派遣にとどめた。三度目は民主党政権に交代した後の一〇年にあったヘリコプター派遣の要請、四度目が施設部隊の派遣要請である。

その慎重ぶりで知られる陸上自衛隊は、南スーダンＰＫＯへの施設部隊の派遣には驚くほど意欲的だった。元陸幕長で陸上自衛隊を熟知する折木良一統合幕僚長は会見で「派遣を仮定すればハイチＰＫＯと二カ所になる。（陸上自衛隊の）体力的には可能だ」と明言した。

陸上自衛隊は東日本大震災で延べ七万人を派遣していたが、撤収が完了。ハイチＰＫＯに施設部隊を中心に三百三十人を派遣していた。陸幕幹部は「あと三百人ぐらいの部隊を出せないはずがない」と解説した。この積極性はどこから来たのだろうか。

実は一〇年十二月、民主党政権下で改正された日本防衛の指針「防衛計画の大綱」で陸上自衛隊は一人負けした。中国を警戒する「南西防衛」「島嶼《とうしょ》防衛」が打ち出され、海上自衛隊は潜水艦や護衛艦の増強が認められ、航空自衛隊は那覇基地へ戦闘機部隊を追加配備する強化策が認められた。一方の陸上自衛隊は財務省との間で定員増減で揉め続けた結果、一千人を削減され、大綱でも「大規模侵攻は起きない」とされて戦車、大砲の三分の一を減らされた。

意気消沈していたところに起きたのが東日本大震災である。献身的に活動する陸上自衛隊に対して日本中から称賛の言葉が降り注いだ。この追い風を、南スーダンPKOへの参加で加速させ、陸上自衛隊再興へつなげる思惑があったとしても不思議ではない。

南スーダンに派遣された調査団の報告書から、陸幕では早くも一一年九月の段階で首都ジュバでの活動方針を決めている。国連は当初、スーダン国境に近いワウか、マラカルへの派遣を求めたが、日本政府は陸幕の構想通り、治安が安定したジュバへの派遣を逆提案した。ワウには中国軍が、マラカウにはインド軍の工兵部隊がそれぞれ派遣された。

派遣を前にジュバの水運に使われているナイル川までの道路を舗装し、日本のODAでJICAが行う港湾工事と連結する計画が練られた。自衛隊と文民による「軍民一体」の作業で、日本の支援をアピールする狙いだ。南スーダンPKOへの派遣計画は、珍しく外務省と防衛省の思惑が一致したのである。

南スーダンPKOからの部隊撤収が一七年五月に完全に終わった後の同年九月、折木元統幕長は筆者のインタビューにこう語った。

「二〇一二年は大きな曲がり角だった。民主党政権は国際貢献をしないといけないとの思いがあり、ハイチ地震の災害救援に自衛隊をいち早く出した。その後、ハイチはＰＫＯに変わり、南スーダンＰＫＯにも参加するとなると二正面作戦になるが、陸上自衛隊にとって「行きません」というほどではなかった。派遣地域は治安が安定している首都のジュバ。求められる施設作業は難しくはなかった」

折木氏に「南スーダンＰＫＯ派遣の裏に「陸上自衛隊を再興させたい」との思いがあったのでは」と聞いたが、最後まで肯定も否定もしなかった。

３　ＰＫＯに代わる能力構築支援

日本のＰＫＯに学ぶベトナム

自衛隊の海外活動はＰＫＯだけではない。しかし、参加可能なＰＫＯは極めて少ないのも実情である。かといって政府方針なので、国際貢献をしないわけにはいかない。そこで防衛省・自衛隊が力を入れているのが他国の軍隊に自衛隊の持つ技術を伝える能力構築支援である。その一場面を紹介する。

二〇一三年三月七日、静岡県御殿場市にある陸上自衛隊駒門《こまかど》駐屯地。建物の屋上に上がったベトナム陸軍の将校七人は、富士山を見上げたあと、迷彩服を来た国際活動教育隊長の伊﨑義彦一等陸佐ら陸自幹部を交え、富士山に向き合う形で記念撮影した。

背景にしたのは掲揚塔に並んで掲げられた日の丸とベトナム国旗。ベトナムからの一行は、富士山よりも日越友好を演出したふたつの旗を背景に選んだ。

「日本から学ぶところが多かった。われわれはまだまだです」と団長のベトナム国防省軍医局長、ヴー・クォック・ビン少将。来日した目的は、将来的なＰＫＯへの初参加へ向けて、自衛隊のＰＫＯへの取り組みを学ぶことにあった。

ベトナム戦争で米国と、中越紛争で中国と血で血を洗う壮絶な戦いを経験したベトナムは、その凄惨な経験から軍隊を海外へ送り出すことに慎重だった。太平洋戦争で軍人、民間人合わせて三百十万人が死亡し、二度と戦争はしないと誓って平和憲法を制定し、長らく海外派遣を見合わせていた日本と似ている。近年、日本のＰＫＯ協力法に相当する法律をつくり、海外派遣の検討を始めた。

その実績からＰＫＯ大国と呼ばれるカナダ、オーストラリアではなく、なぜ日本を研修先に選んだのか。ビン少将はこう言う。

「ＰＫＯとは何か、たくさんの疑問があり、実態を知りたかった。日本は武器を使わない国際貢献を積み上げて、ＰＫＯでは人道支援に徹している。日本のＰＫＯ協力法が定めている参加五原則に強い印象を受けた。いずれもベトナムが求める政治・文化の要請に合致しています」

手放しのほめようだが、日本国内に目を向ければ、三年三カ月ぶりに自民党政権が復活し、タカ派の安倍晋三首相が憲法を改正して「国防軍」にする、集団的自衛隊を行使すると主張している。日本から学ぶなら今しかないと考えたのだろうか。

国際活動教育隊は、陸上自衛官が海外で活動することを想定して、二佐から三尉までの幹部、曹長から三曹までの陸曹に分けて全国から要員を集め、教育する。

二〇〇六年十二月の自衛隊法改正で、海外活動が国防に準ずる本来任務に格上げされたのを受け、海外派遣の司令部「中央即応集団」が〇七年三月、東京都練馬区の朝霞駐屯地に誕生した（二〇一八年三月陸上総隊に吸収され廃止）。国際活動教育隊はその隷下にある。

ベトナム軍将校が視察したのは、幹部に対する教育だ。教室ほどの広さの部屋の入り口に「カラナ派遣群指揮所」の看板がある。架空の国、カラナで行う七百人規模のＰＫＯを想定したものだ。ＰＫＯの指揮所そっくりの室内で、全国の駐屯地から集められた幹部十三人が正面の大画面をみつめている。

これまでカンボジア（一九九二—九三年）、東ティモール（二〇〇二—〇四年）、ゴラン高原（一九九六—二〇一三年）などに派遣されたＰＫＯ部隊の活動は、道路や橋の補修と輸送に限られていた。国際活動教育隊の幹部は「カラナＰＫＯでは、港湾での陸揚げからＰＫＯ宿営地までの輸送のほか、各種施設の建設、道路・橋の復旧といった後方支援全般について教育します。過去、実際にあったＰＫＯだけでは内容が想定できるので難しい訓練にはならない」と、複雑な想定にしてある背景を話した。

イラク派遣で知った民生協力の活動

別の部屋では実在する非政府組織（ＮＧＯ）「ピースウィンズ・ジャパン」との協議が始まった。ピースウィンズ・ジャパンは、紛争や災害、貧困などの脅威にさらされている人々を救援するため、イラク、アフガニスタン、モンゴルなど多くの国々で活動する実在のＮＧＯだ。

自衛隊とＮＧＯを水と油のように考える人がいるが、そうとは言い切れない。もちろん自衛隊に強い拒否反応を示すＮＧＯもあるが、自衛隊の組織力や危機管理能力を活用したいＮＧＯと、現地に食い込んだＮＧＯから情報がほしい自衛隊の利害は一致する。海外派遣の司令部である中央即応集団にはＮＧＯとの連携を想定した「民生協力課」、自衛隊内部では「軍民協力」の英語名、Civil-Military Cooperation を略して、シミック（ＣＩＭＩＣ）と呼ばれる専門部署が置かれているほどだ。

横道にそれるが、自衛隊がＣＩＭＩＣの必要性を痛感したのは、初の戦地派遣となった二〇〇四年一月からのイラクでの活動である。

イラクへは陸上自衛隊を含めて、三十八カ国から部隊が派遣された。人道復興支援を任務とした陸上自衛隊以外の各国部隊の任務はすべて治安維持だった。多くの軍はＣＩＭＩＣと呼ばれる民生協力部隊を持ち、住民を雇って施設復旧などの復興事業を行った。

治安維持の軍隊が支援活動にまで踏み込むのは、地元の人々を雇用することにより、治安の安定が期待できるからだ。例えば、陸上自衛隊とともにイラク南部のムサンナ州サマワで治安維持を担当したオランダ軍のＣＩＭＩＣは約十五人。全員軍人とはいえ、事業を発注したり、設計図を引いたりして技術畑の官僚に近い。

日本でいえば、外務省と自衛隊が別々に行う復興事業をＣＩＭＩＣが単独でこなすから仕事は極めて早い。国連から支払われる潤沢な資金を背景に「数えきれない」（オランダ軍ＣＩＭＩＣ幹部）ほどの事業をこなした。

自衛隊はＣＩＭＩＣの存在そのものをイラクへ来るまで知らなかった。海外派遣といえば、国連から与えられた仕事を遂行するＰＫＯしか経験がなかったからである。イラクでは渉外業務を行う業務支援隊（約百人）の対外調整係長（二等陸佐）の下に急遽、建設担当など約十人の幹部からなるＣＩＭＩＣを新設した。日本で組織の見直しをすれば一年以上は確実にかかる。海外なら数日というのは、複雑な官僚機構が改革を拒む国内と、トップ（防衛大臣、陸幕長ら）と現場が直結する海外との違いを示している。

業務支援隊はムサンナ州政府と調整して復旧作業を決定。道路補修や施設復旧を行う本隊である復興支援群（約五百人）の施設隊（約五十人）に作業を指示し、施設隊はイラク人を雇用して作業を行わせる仕組みをつくった。雇用されるイラク人は一日平均三千人に上り、部隊は地元の信頼を獲得して二年半の活動を無事終えることができた。その成功体験から、将来の海外派遣に備えるべく中央即応集団の設立に合わせて民生協力課を置いたのだ。

ＰＫＯ先進国へ

話を元に戻そう。ベトナム軍将校の国際活動教育隊の視察に合わせ、東京からやってきたピースウィンズ・ジャパンのメンバー二人と陸自幹部三人が向かい合い、輸送の調整を始めた。

ピース「十一日、港に食料・医薬品など二〇〇トンの荷物が届きます。これを活動地まで運んでほしいのです」

二等陸尉「こちらはＰＫＯで来たばかり。現地情勢はいかがですか」

ピース「厳しいですね。盗みや略奪が横行している。港に荷物を置きっぱなしにはできない」

二等陸尉「一度に輸送できるか、検証が必要です」

別の部屋では、車両で移動中、交通事故を起こしたとの想定でパソコンを使った訓練が行われていた。運転手役の陸曹二人に対し、顔がみえないよう衝立の向こうに教官二人がいる。使うのは、さまざまな事件・事故を起こすことができるオーストラリア製のソフトだ。

パソコン画面で陸曹が運転をしていると、いきなり飛び出した牛をひき殺してしまう。

教官「おい、どうしてくれるんだ。車から降りてこいよ」
運転手「(無線でＰＫＯ本部を呼び出し)本部、交通事故を起こした。指示をお願いする」
本部「対応を検討する。現場でよく考えて行動してほしい」
運転手「おい、おい、人が集まってきたぞ。何か、やばくないか」
画面では地元民が集まり、自衛隊車両を取り囲む。そのうち、警官がやってきて、自衛隊が現金で弁償することで決着する。国際活動教育隊の幹部は「対応力を養う訓練。あえて本部は回答せず、運転手役の陸曹に判断させるのです」。

興味深そうに訓練を見学していたビン少将に伊﨑一佐は「日本で直接、自衛隊が被害を弁償することはありません。しかし、海外では何でも自分でやらなければならない」と話すと、ビン少将は大きくうなずいた。

このパソコン・ソフトでは、銃で襲撃される状況もつくり出せるという。想定している海外活動は、必ずしも安全な活動ばかりとは限らない。

ベトナム軍将校の一行を見送った伊﨑一佐はこう言った。

「自衛隊がＰＫＯに参加して二十年。積み上げたノウハウをベトナムなど各国に伝えることが重要です。日本のＰＫＯ参加五原則は他国に適用できないかも知れないが、その意味するところを理解してもらえれば、と思うのです」

この時点で自衛隊の海外活動は国際緊急援助隊も含めると延べ二十八回にのぼり、四万人の隊員を派遣した。伊﨑一佐は「最近、感じているのはオーストラリアなどＰＫＯ先進国に近づいているということ。地域目線で活動するのが日本の特徴ですね。力で押し込んでも住民の理解を得ることはできません。活動の成否は、いかに地元と連携できるかにかかっています」と言う。

防衛省は二〇一二年から主にアジア太平洋の国々に対する能力構築支援を始めた。活動の根拠は民主党政権だった一〇年十二月に改正した「防衛計画の大綱」にあり、文中に「域内諸国の能力構築支援に取り組む」と明記されている。

この大綱は中国を意識した「南西防衛」「島嶼防衛」ばかりが注目されたが、鳩山首相が提唱して実現しなかった「東アジア共同体構想」につながる活動が盛り込まれていたのである。

能力構築支援として、自衛隊が以前のＰＫＯで道路補修を行った東ティモールには、陸上自衛官二人を四カ月間派遣し、自動車整備士を育成。自衛隊最初のＰＫＯ参加となったカンボジアへは陸上自衛官四人を派遣し、道路補修に必要な技術を指導した。モンゴル、ベトナム、インドネシアでも衛生や気象観測に関するセミナーを開催している。ベトナム軍の将校七人を受け入れたのも能力構築支援の一環である。

米国の要求に従い続けて

途上国の自立につながる技術指導は、間違いなく「よいこと」である。ゲーツ米国防長官は二〇〇九年に来日した際、「アジア太平洋の国々の最大の脅威は、台風、地震、津波といった大規模な自然災害である」と断言した。自衛隊が過去、国際緊急援助隊として十九回出動したうち、アジア太平洋への出動はスマトラ沖の地震・津波など十四回にのぼる。被災することの多いアジア諸国の軍隊が道路補修や車両整備を自前でできるようになれば、それだけ早く復旧できることになる。

だが、「防衛計画の大綱」に書かれた能力構築支援は「非伝統的安全保障分野において、自衛隊の能力を活用」とのただし書きがある点に注意しなければならない。非伝統的安全保障とは、軍事的脅威に対して軍事力で対抗する伝統的安全保障に対して、テロリズム、海賊行為、貧困などの理由で起きる非軍事的な脅威に政治・経済・社会的に対処することで、地域や国の平和と安全を確保することを指す。

非伝統的安全保障という考え方が生まれることになった原点をたどると、米国が生みの親であることが分かる。

米国は「9・11同時多発テロ」を受けて、アフガニスタン、イラクと続けて二つの戦争に突入した。9・11同時多発テロの犯人を国際テロ組織「アルカイダ」と断定し、これを支援するイスラム原理主義勢力「タリバン」政権を攻撃したのがアフガニスタン攻撃であり、「イラクが大量破壊兵器を隠し持っている」とウソをついて始めたのがイラク戦争である。戦力に勝る米軍は緒戦こそ勝利したが、繰り返される自爆テロなどの非対称戦により、現地情勢は混沌。イスラム過激派組織「IS（イスラム国）」を生み出す結果にもなった。

二つの戦争に勝てなかった米国は「テロとの戦い」を見直し、テロの背景にある貧困や差別への対処に軍を挙げて取り組むことにした。〇八年ごろから、陸海空海兵隊の四軍がイスラム国家の多いアジア太平洋で医療、技術指導などを無償で行い、格差是正に努める「善行キャンペーン」を始めた。

日本では米国と違って、外国からの勢力などによるテロは発生していない。弾道ミサイルと核兵器を開発した北朝鮮、尖閣諸島をめぐり対立する中国との関係は、国家同士の対立という伝統的安全保障の分野である。しかし、アフガニスタン攻撃とイラク戦争を通して米国を支援してきた日本は、たどるべき将来の道筋まで米国に従おうとしている。

過去を振り返れば、アフガニスタン攻撃が始まった〇一年当時、ブッシュ大統領は「米国につくのか、テロリストにつくのか」と世界中に迫り、日本には「Show the Flag（旗幟を鮮明にせよ）」（アーミテージ国務副長官）と自衛隊派遣を求め、日本はテロ対策特別措置法を制定して攻撃に向かう米艦艇への洋上補給を実施した。

二〇〇三年のイラク戦争はドイツ、フランスなどが戦争に反対する中、小泉純一郎首相が世界に先駆けて米国への支持を表明。すると米国は「Boots on the Ground（陸上自衛隊を派遣せよ）」（ローレス国防次官補代理）と迫り、日本が戸惑っていると「This is not a tea party（これはお茶会じゃない）」（アーミテージ国務副長官）としかりつけ、陸上自衛隊は戦火くすぶるイラクへ派遣された。

米国の要請による自衛隊の海外派遣は、9・11同時多発テロ後、急に始まったわけではない。そもそも初の海外派遣となった九一年の湾岸戦争後の掃海艇派遣も米国の要請を受けてのことだった。当時のブッシュ（父）大統領自ら海部俊樹首相に軍事的貢献を求め、最後はピカリング米国連大使が、掃海艇の派遣を求め、日本はこれに応じたのである。

米国とソ連が世界中を二分して対立していた冷戦時代、日本は米国からソ連の太平洋進出を拒む防波堤の役割を求められた。米国は日本国憲法の制定に協力する一方で、一九五〇年六月、朝鮮戦争が勃発すると翌月にはGHQのマッカーサー元帥が吉田茂首相に再軍備を命じ、同年八月には自衛隊の前身にあたる警察予備隊が発足した。

日本は「軽武装、経済優先」を標榜するが、経済成長によって防衛費は急速に増え、自衛隊は世界でも指折りの軍事組織となって「防共の砦」の防人役を果たすことになる。いわゆる「存在する自衛隊」である。だが、一九八九年冷戦の象徴である「ベルリンの壁」が崩壊、九一年にソ連が消滅すると、米国は「機能する自衛隊」として相応の軍事的役割を果たすよう求めるようになり、湾岸戦争後の掃海艇のペルシャ湾派遣の要求につながるのである。

日本はなんと米国に従順な国だろうか。不戦を定めた日本国憲法下での再軍備、冷戦下におけるソ連に対する抑止の役割、そして冷戦後の自衛隊海外派遣。いずれも米国の要求に従い、米国にとって「都合のよい国」であり続けた。

米国が提唱した非伝統的安全保障への参加も例外ではない。能力構築支援は、その典型である。民主党政権当時から始まり、第二次安倍政権下で改正された「防衛計画の大綱」でもPKO、国際緊急援助隊に続く、第三の海外活動として強調されている。次項では非伝統的安全保障のひとつとして、米海軍が始めた「パシフィック・パートナーシップ」に自衛隊が参加している姿をリポートする。

4　パシフィック・パートナーシップへの参加

民主党政権下で参加決定

二〇一六年夏、海上自衛隊の輸送艦「しもきた」と陸海空自衛隊の二百十人の姿は南太平洋の国、パラオにあった。

「しもきた」は太平洋戦争中、巨大戦艦「武蔵」が停泊したのと同じマラカル湾にいかりを下ろした。七十年以上の時を超えて日本の軍用艦艇がパラオを訪問したことになるが、「しもきた」の目的はもちろん戦争ではない。米海軍が主催する人道支援活動「パシフィック・パートナーシップ(Pacific Partnership＝ＰＰ)」に参加するためだった。

米軍が人道支援とは意外に思われるかもしれない。前述したように世界規模で安全保障環境を改善するため、米国は災害派遣を通じてアジアの安定に取り組む方針を打ち出し、実践している。もちろん、単純な国際貢献ではない。アフガニスタン攻撃やイラク戦争で強大な軍事力を投入しながら、米国が勝利を得られなかったのは、どこに敵がいるか分からないという「非対称の脅威」に直面したからだ。敵がどこに潜むから分からない以上、向き合いようがない。そこで米国は貧困や格差を解消し、災害救援に積極的に出向いて「親しまれ、愛される米国」を演出するため、非軍事の活動に踏み込んだ。

ＰＰは〇七年にスタートした。米政府は海軍の病院船と強襲揚陸艦を毎年交互に東南アジアに派遣し、無償の地域医療を行っている。派遣された米艦艇には各国の軍医らが乗り込み、住民を無償で治療する一方、工兵隊が学校、病院などの施設を修理する。地元の子供たちと触れ合う文化交流もプログラムに含まれる。自衛隊はＰＰに最初から参加、一〇年からは輸送力のある艦艇も派遣している。

自衛隊が参加に至るには、ひとつのエピソードがある。

二〇一二年二月十六日、都内で開かれたシンポジウムで鳩山由紀夫元首相は首相在任期間中に提唱しながら実現に至らなかった「東アジア共同体構想」の概要を語った。東アジアにＥＵ(欧州共同体)のような国境を越えた連合体をつくり上げるアイデアだったが、「米国離れ」とみなした米政府は強く警戒した。

「東アジア共同体は決して反米ではない。私は六年間留学したほど米国は好きな国だ。しかし、いつまでも米国を向いた外交でいいのか。米国だって日本を飛び越え、中国に急接近している」と講演では「自分は反米ではない」と強調したが、後の祭りだ。米国の言いなりにならないとみなされたのか、鳩山内閣は九カ月の短命に終わった。

東アジア共同体構想は、実体を伴わないまま終わったかにみえる。構想は宇宙人とも揶揄された鳩山氏の見果てぬ夢だったのだろうか。

しかし、講演の途中から鳩山氏は具体的な「成果」を語り始めた。「友愛ボートとして海上自衛隊を米軍主催の訓練であるパシフィック・パートナーシップに参加させた。米国の軍艦がアジアの国々を回り、医療を行う。自衛隊の艦艇には日本のNPO(非営利団体)が乗り込み、カンボジアやベトナムの人々を診療した。心ある協力によってアジアの海を「友愛の海」にする活動が進んでいる」

PPがあったことは知られている。しかし、「友愛ボート＝PPへの自衛隊参加」であるのかはっきりしなかった。そもそもPPは〇四年のスマトラ沖地震・津波への災害派遣が引き金となり、軍による非軍事の貢献策、すなわち「善行キャンペーン」のあり方を模索していた米海軍の出した回答として始まった多国間訓練である。

日本で民主党に政権が交代した直後の〇九年九月、突然、首相官邸から防衛省にPPに艦艇を派遣するよう指示があった。しかし、鳩山氏が「友愛ボート」を提唱するのは同年十一月に開かれた国際会議での講演である。防衛省への指示より三カ月遅く、しかも国際会議でＰＰの名称を出さなかったから、友愛ボートは鳩山内閣の終焉とともに消えたと思われていた。実際にはＰＰへの参加という形で実現していたのだ。

実際に海上自衛隊艦艇の派遣は、鳩山指示のあった後の一〇年の輸送艦「くにさき」派遣から始まっている。自衛隊のＰＰ参加は〇七年から開始されたが、〇七年からの三年は海上自衛隊医官、同歯科医官各一人ずつの派遣にとどまっていた。

二〇一〇年の「くにさき」派遣以降をみると、翌一一年は東日本大震災の影響で艦艇派遣はなかったが、一二年輸送艦「おおすみ」、一三年護衛艦「やまぎり」、一四年輸送艦「くにさき」、一五年補給艦「ましゅう」、一六年輸送艦「しもきた」、一七年護衛艦「いずも」「さざなみ」、一八年「おおすみ」と切れ目なく続いている。

どんなに立派な考えも説明の言葉が足りなければ、理解されることはない。自衛隊によるＰＰへの本格参加は、民主党政権の数少ない遺産のひとつといえるかもしれない。

十回目の一六年、自衛隊は六月十三日から八月二十四日まで東ティモール、ベトナム、パラオ、インドネシアの順に四カ国で活動した。このうちパラオは一五年四月、天皇皇后両陛下が初めて訪問したのを受け、日本が主導的に計画した。終戦記念日前の八月十三日には先の大戦で日本側に一万六百九十五人、米側に二千三百三十六人の戦死者を出した激戦地ペリリュー島での日米合同慰霊祭があり、日米双方が建立した戦没者の碑などに献花した。

民間団体との連携

ＰＰの特徴のひとつは特定非営利活動（ＮＰＯ）法人、非政府組織（ＮＧＯ）などの民間団体と連携している点にある。防衛省が「パシフィック・パートナーシップ２０１６」で医療活動を行う前提で参加者を呼びかけたところ、水戸市の眼科医らでつくるＮＰＯ法人「南太平洋眼科医療協力会」が手を挙げた。

ペリリュー島は、水戸市に拠点を置いた旧陸軍歩兵第二連隊が全滅した地でもある。協力会は南太平洋のキリバス共和国で〇八年から計五回、住民約一万人を診察、白内障患者約七百人を手術してきた。代表で水戸市内で眼科内科病院を開業する小沢忠彦さんは研修医時代の三年間、沖縄県で過ごした。「南国は紫外線が強く目の病気になりやすく、楽園のイメージが覆った」という。

沖縄の離島での経験から、医療支援が必要な南太平洋の島国を探してキリバスに眼科医が一人もいないことを知り、キリバスで活動することを目的にＮＰＯの前身となる団体を〇五年に設立した。小沢氏は「戦争で南の島の人々に多大な迷惑をかけてしまった。志半ばで散っていった日本の若者もいた。彼らの霊を弔いたい」と話した（『東京新聞』二〇一六年八月三日付夕刊）。

公募で選ばれたのは、いずれも日本のＮＰＯ法人で小沢氏の「南太平洋眼科医療協力会」（七人）に加え、「国際緊急医療・衛生支援機構（イームス）」（七人）、「野口医学研究所」（三人）、「日本医療政策機構」（二人）の医療関係者合計十九人。いずれも空路でパラオ入りした。ともに活動する自衛隊側は医官、歯科医官、看護官、薬剤官など約三十人。新聞、ラジオで告知したところ、臨時診療所を兼ねたベラウ国立病院には早朝から順番待ちの長い列ができた。

パラオには眼科医が一人もいない。目の病気が多いとみてＮＰＯの眼科診療車を持ち込んだことが功を奏し、白内障と診断された三十八人が「しもきた」艦内の手術室で手術を受けた。「視力は測ったことはないが、よく見えない」と訴えた島民が多く出たのは想定の範囲内。東日本大震災で全国から寄付され、被災者に配布後に余った眼鏡を視力に合わせて提供して、大いに喜ばれることになった。

診察にあたったのは日本人だけではない。パラオは米国との間で国防と安全保障の権限を米国に委ねる自由連合盟約を締結しており、米軍が駐留している。米、英、豪の医官らが「しもきた」に寝泊まりして診察にあたった。提供されたのは三段ベッドがある六人部屋。上段のベッドを嫌い、ソファで寝泊まりする医官もいたという。

自衛隊は一四年のＰＰから陸上自衛隊の施設部隊を同行させている。ＰＫＯの常連部隊が時と場所を変えて活動していることになる。このときは約三十人が派遣され、コロール小学校、ベラウ国立病院、パラオ高校で屋根の修理や壁の塗り直し、電気設備の補修を行った。住民や子供たちの生活に密接した分野で目に見える成果を上げるのだから、無償の診療と同じくらいに地元受けはいい。ただ、この分野で一日の長があるのが米軍だ。

変わらない「主役＝米軍、脇役＝自衛隊」の構図

初めて自衛隊が輸送艦「くにさき」を派遣した「パシフィック・パートナーシップ２０１０」のときのことだ。現地で調整にあたった統合幕僚監部で衛生運用を担当する山崎俊宏三等陸佐は「米国はベトナム、カンボジアとも米海軍の工兵部隊「シービーズ」を先乗りさせて学校を修復していました。「マーシー」「くにさき」が到着するのを待って落成式を行った。招待された地元の新聞やテレビが診察

の光景や学校建設の様子を重ねて報道する。巧みな人心掌握術だと感心しました」と振り返る。

このとき米軍は獣医も派遣していて、家畜の診察をした。自衛隊に獣医は一人もいない。米軍は海外における戦争の際、最初に獣医を派遣して、家畜の病気や狂犬病が兵士に影響しないか調べるのが当たり前になっている。外征軍の米軍と専守防衛で来た自衛隊との違いといえるだろう。

この「パシフィック・パートナーシップ２０１０」で、自衛隊は国際政治の難しさを目の当たりにする。山崎三佐は「ベトナム政府の意向で「くにさき」の着岸を認められなかったのです。輸送した野外手術車が陸揚げできなかった。作業服替わりに着ている戦闘服の着用が認められず、Ｔシャツで診療しました。患者はみんな県が発行したチケットを持ってやってきた。うわさを聞いて八時間かけてやってきた家族はチケットがなく、県の役人に受診をとめられてしまった」という。

厳しすぎるようにみえるベトナムの反応は、米国と激しく戦ったベトナム戦争の影響だろうか。灰色の船体でいかにも軍艦とみえる「くにさき」は着岸できず、陸揚げできなかったことにより、野外手術車を使えなかったが、白塗りの船体に赤十字が描かれた「マーシー」は着岸が認められ、手術は「マーシー」の船内で行われた。

続くカンボジアではシアヌークビルに入港した。艦尾のハッチが開き、エアクッション型揚陸艇（ＬＣＡＣ）が野外手術車を乗せ、高速で陸地に向かった。地元の病院敷地内に置かれた野外手術車の周りは患者でごった返した。米軍幹部が患者を診察して「マーシー」に移すか、その場で自衛隊が治療するか割り振った。米軍が主役で自衛隊はそれを補完する脇役という役回りだった。

日米安全保障条約で日本有事の際の主役は自衛隊、脇役は米軍となっているが、彼我の戦力差が大きすぎて、日米共同演習ではいつでも主役＝米軍、脇役＝自衛隊、の構図になっている。人道支援のＰＰでも役回りは変わらないのだろうか。

山崎三佐は「いつも感じることですが、自衛隊は国際緊急援助隊として派遣された国の人たちに溶け込むのが早い。目線が低く、白人のように上から目線ということは決してない。ＰＰでも患者の列は自衛隊の前にだけできました。人道支援を通じてアジア太平洋の安全保障環境改善に努めていきたい」と話す。

物量にモノをいわせる米軍に対し、相手に対して人間的な対応に努める自衛隊は、困った人々に手を差し延べる人道支援に向いているのではないだろうか。

「非軍事活動」に対する政府の無関心

「パシフィック・パートナーシップ２０１６」でパラオに派遣された防衛省国際安全保障政策室の森野久美子氏は「眼科診療車を運べたのは輸送艦だからできたこと。寄付された柔道着も運び、スポーツ交流を行いました。官民連携が実感できた」とＮＰＯとの連携に手応えがあったと話す一方で、「自衛隊にできることは限られているのです」ともいう。

ＰＰに参加する根拠は自衛隊法の「訓練」である。災害は発生していないので比較的、物資を簡単に提供できる国際緊急援助隊法は適用できない。「住民への手術や投薬は訓練の一環として行うのです」と森野氏。必要十分な医薬品を提供しようにも法的根拠のない自衛隊にはできず、提供してくれそうな製薬会社はＰＰには不参加。厚生労働省を通じて呼びかけようにも省庁間の縦割り行政が障害になる。

人道支援が「訓練」では、十分な活動ができないことは明らかである。前出の鳩山氏の講演会で筆者は直接、質問した。「自衛隊がパシフィック・パートナーシップに参加する根拠法は自衛隊法の「訓練」です。日米共同訓練といった訓練の名目がなければ、医療行為ができないのは法の不備ではないか」と問うと、鳩山氏は「人道的な支援は大いにやるべきだ。国際緊急援助隊としての派遣はよいと思う」と話したが、国際緊急援助隊としての海外派遣はとっくに実現している。主な活動は①応急治療、防疫などの医療、②ヘリコプターなどによる物資、患者の輸送、③浄水装置を利用した給水、の三点で、一九九八年の中米ホンジュラスのハリケーン災害出動を皮切りに十回以上の派遣実績がある。

「災害が発生していない医療過疎の国々に自衛隊を派遣するための法改正が必要ではないか」と聞いたつもりだったが、回答はなかった。そして鳩山氏はこう続けた。

「相当先の話になるが、もしアジアにEUのような共同体ができた日には、日本の国権を制限して自衛隊を差し出し、他国の軍隊も合わせた新たな軍ができないか。近未来にはありうると思う」。自由党党首の小沢一郎氏が自民党、そして民主党に所属していた当時から主張していた国連待機軍が誕生した場合の「自衛隊差し出し」に近い。差し出す相手が国連かアジア共同体かの違いがあるだけだ。利害が一致しない常任理事国が拒否権を有する国連にあって国連待機軍の創設など夢のまた夢の話である。

鳩山氏の言う、いわゆるアジア待機軍も荒唐無稽な話ではある。欧州のNATOは域外で発生した紛争が欧州に飛び火するのを食いとめるためにNATO軍を派遣する。東アジアに不安定要因があるとすれば、海洋権益を広げる中国と核・ミサイル開発を進めてきた北朝鮮だろう。いずれもアジア域外の話ではない。アジア域内の各国で議論しても利害が一致しないので、中国と北朝鮮を抑えつけるためのアジア待機軍などできるはずがない。そして自民党政権に戻った現在もアジア全域をカバーする安全保障体制は存在しない。

前出の森野氏は言う。「ベトナムでは日本の政府開発援助（ＯＤＡ）で提供したエアコンが壊れていて、野戦病院のような暑さの中での診療になりました。同じＯＤＡで購入したエックス線撮影装置は画像を読める医師が現地にいない。日本の援助が生きていないのを目の当たりにすることになりました」

安倍晋三政権は「日米防衛協力のための指針（ガイドライン）」を改定し、安全保障関連法を制定するなど、米国の戦争支援を確実にすることには熱心だが、自衛隊による非軍事の国際貢献には関心を示さない。「自衛隊＝戦う軍隊」との先入観から抜け出せないのだろうか。

第2章

なぜアフリカなのか——ソマリア沖・海賊対処活動の実態

ジブチの自衛隊の拠点で，P3C哨戒機を守る陸上自衛隊（2012年7月）

1　海賊対処を名目に初の海外基地

政党の違いを超えて一致した思惑

「自衛隊の拠点に隣接した場所を他の国が借り上げてしまうと、日本の拠点の安全な運営に影響が出る」

小野寺五典防衛相は二〇一七年十一月十八日、講演で訪れた宮城県気仙沼市内で記者団に、ソマリア沖の海賊対処のため、海上自衛隊がアフリカ東部のジブチ共和国に置いた拠点を拡張する理由を、こう述べた。「他の国」とは中国を指している。小野寺氏は国名を挙げずに「(他の国が)大規模に開発しているることは事実。ジブチはアフリカの玄関口で重要な場所だ」と述べ、日中のせめぎ合いが始まっていることを示唆した。

日本政府は〇九年三月からソマリア沖に海上自衛隊の護衛艦を派遣し、海賊対処を開始した。民間船舶をエスコートして東西に千百キロメートルと長いアデン湾を横断し、海賊の襲撃を避ける狙いである。アデン湾の西端にあるジブチの自衛隊拠点は、一一年六月に開設され、P3C哨戒機二機とこれを運用する海上自衛隊百二十人と機体警護のための陸上自衛隊六十人が派遣されている。自衛隊にとって事実上、初の海外基地にあたる。

ソマリア沖の海賊対処に海上自衛隊を活用する案は、実は野党の民主党議員から示された。米国への留学経験があり、「親米派」とされ、その後の民主党政権下で防衛政務官に就任することになる長島昭久氏である。

自民党政権下の〇八年十月十七日、衆議院の「国際テロリズムの防止及び我が国の協力支援活動並びにイラク人道復興支援活動等に関する特別委員会」で、長島氏はソマリア沖の海賊対処に海上保安庁が対処できるか質問した。

これに対し、岩崎貞二海上保安庁長官は、①日本から遠距離にあること、②海賊の武器がロケットランチャーなど重火器であること、③有志連合の軍艦が既に海賊対処にあたっていること、を理由に「巡視船派遣は相当困難」と答弁した。

すると長島氏は「自衛隊の艦艇によるエスコートは、かなり効果があると私は思います。一緒に随伴するだけで海賊に対する抑止効果がある。総理のご決意をうかがいたい」と、護衛艦

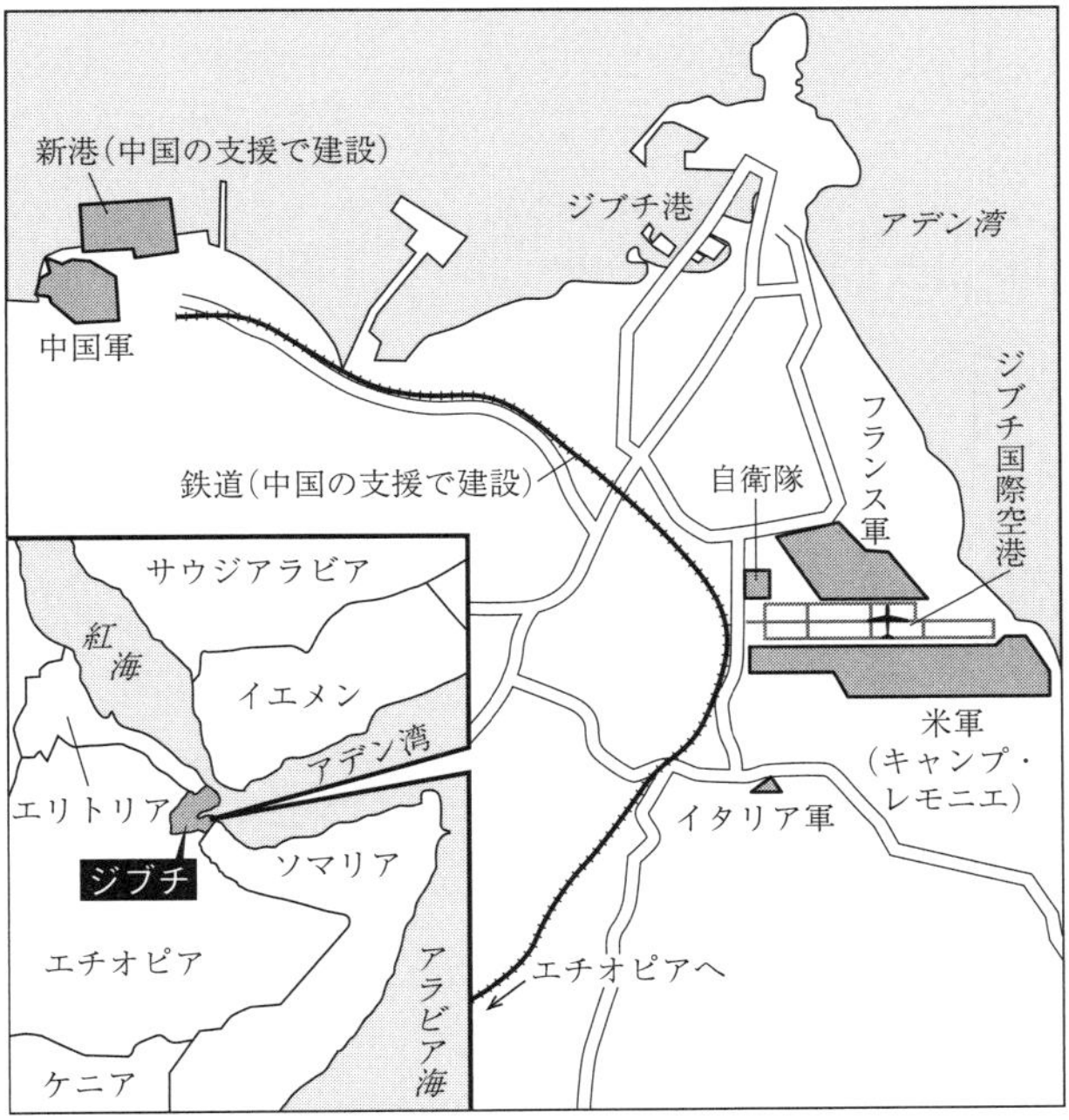

図 2-1　ジブチにおける自衛隊の拠点(『朝日新聞』2017 年 8 月 16 日付の図などをもとに作成)

の派遣を提言した。これに対し、麻生太郎首相は「ご提案はものすごくいいことだと正直思っている。検討する」と答え、護衛艦派遣の検討を本格化させる。政党の違いを超えた「あうんの呼吸」だった。

なし崩しの自衛隊派遣

だが、本当に海上保安庁では対処できないのだろうか。海上保安庁は、一九六九年から長年にわたり、諸外国の海上保安能力の向上を指導している。フランスからプルトニウムを運ぶ輸送船護衛のため、一九八九年、大型巡視船「しきしま」を建造している。

当時、海上保安庁が保有する巡視船のうち、ヘリコプターを搭載する大型船は十三隻。このうち「しきしま」「みずほ」「やしま」はヘリ二機を搭載し、複数の連装機関砲を装備して遠洋での救難を想定した指揮・通信機能も持つ。能力に不足はない。

海外での活動実績もある。二〇〇〇年から〇八年まで海上保安庁がアジアの国々と行った海賊対処の共同訓練は二十三回。なかでも海運の大動脈、マラッカ海峡沿岸国のインドネシア(五回)、マレーシア(六回)、シンガポール(五回)三カ国との共同訓練を重視している。

海上保安庁の支援で〇五年、マレーシアで海上警察など関係機関を統合した海上法令執行庁が誕生した。インドネシアでは〇六年、沿岸警備隊創設を目指す十二省庁調整会議が発足し、日本は巡視艇三隻を供与した。日本が提案した「アジア海賊対策地域協力協定」(参加十四カ国)に基づき、〇六年に「海賊情報共有センター」がシンガポールに開設され、海上保安官を含む六カ国十五人の職員が派遣されている。

この結果、マラッカ海峡周辺の海賊被害は二〇〇〇年の八十件から、〇八年は八件に激減した。日本の海上保安庁を含む「コーストガード（沿岸警備隊）」の成果といえる。一方、海上自衛隊は海賊対処についてて、アジアでの協力はおろか「訓練さえしたことがない」（赤星慶治海幕長）のが実情である。

ソマリア沖の海賊船（2009年7月，提供＝防衛省）

海上保安庁は能力不足どころか、マラッカ海峡における海賊対処で周辺国のまとめ役となった実績がある。ソマリア沖には米国の沿岸警備隊の巡視船も派遣されており、仮に海上保安庁が派遣されていれば十分な活動ができたことだろう。

ただ、マラッカ海峡とは対照的にソマリア沖には主に各国の軍艦が海賊対処に派遣されているのも事実だ。

アデン湾を含むソマリア沖は、米軍が設けた監視海域「Combined Task Force（＝CTF、統合任務部隊）150」の一画である。CTF150は米英軍によるアフガニスタン攻撃の際、テロリストの海上移動などを阻止する「海上阻止活動（Maritime Interdiction Operation＝MIO）」を行い、MIOが一段落すると次には沿岸国の安全を確保する「海上安全活動（Maritime Security Operation＝MSO）」に切り換えた。米軍は欧州の複数国からの「海賊取り締まりは警察活動だから、軍事行動のＣＴＦ150と分離すべきだ」との提言を受け、〇九年一月、同じ海域に「ＣＴＦ151」を発足させ、任務を分離した。ドイツなどはＣＴＦ150と151に別の艦艇を派遣し、軍事と警察活動を明確に区分している。

ＣＴＦ150に沿岸警備隊を派遣する方策もあるが、そもそも欧州では沿岸警備隊が整備されていない。英国は沿岸警備を海軍が担う。欧州とアジアでは事情が異なるのだ。

ソマリア周辺国は〇九年一月の地域会議で、アジアを手本にした「海賊情報共有センター」の設置を決めた。だが、外国軍のプレゼンスが反政府勢力を刺激するとみた紅海沿岸国の反対で、スエズ運河とアデン湾を結ぶ大動脈の紅海が対象海域から外された。軍隊の存在が沿岸国の連携に水を差したのである。

しかし、何かあれば自衛隊を海外へ派遣したい自民党やこれに同調する一部野党によって「海賊対処は自衛隊」の構図が固まった。この結果、海賊対処法は海上保安庁の巡視船派遣を前提にしつつ、実際には海上自衛隊の護衛艦派遣を想定するという奇妙な建て付けとなった。法案審議は〇九年一月の通常国会で始まり、国土交通省はアデン湾を航行する日本関係船舶は年間二千隻、一日平均して五隻が通過すると説明し、護衛艦による警護活動の必要性を強調した。

海賊対処法では、第七条で唐突に、自衛隊による活動を自明のものとする「海賊対処行動」の条文が出てくる。自衛隊法で定められた海上警備行動と同じように首相の承認で防衛相が命令するが、「急を要する場合」は首相への通知だけで足りる。しかも国会承認は必要としない。「海賊対処」の大義名分さえあれば、いつでも、どこへでも護衛艦を送り出せるのだ。

武器使用基準も緩み、海賊船を停船させるための発砲を認めたうえ、「任務遂行のための武器使用」

を可能にした。これは相手が「国家または国家に準ずる組織」だった場合、憲法九条で禁じた武力行使となるおそれがあるが、政府は「海賊は民間人だから憲法違反にはあたらない」と説明。それでは「海賊の正体は」と防衛省に問うと、「分からない」(齋藤隆統合幕僚長)というのだ。なし崩しである。これは法理の世界ではない。

麻生政権は法案の成立を待つことなく、自衛隊法の海上警備行動を根拠に護衛艦「さざなみ」「さみだれ」の二隻を同〇九年三月十四日、広島県の呉基地から出航させた。専守防衛の自衛隊が活動するのは本来、日本及び日本周辺である。だが、海上警備行動を定めた自衛隊法第八二条には活動海域が「海上」としか書かれていない。政府は「日本近海もソマリア沖も海上に変わりない」と都合よく解釈した。

護衛艦活動の必要性が減る一方で

出航から二週間後、ソマリア沖に到着した「さざなみ」「さみだれ」は日本の商船を前後にはさみ込み、アデン湾を四日かけて一往復した。国土交通省の説明通りなら、警護対象の船舶は二十隻にのぼり、これを往路、復路で分けると船団には毎回十隻の船舶が加わらなければならない計算になる。現実にはその半分以下、わずか三隻前後の警護が続いた。

なぜ、これほど少なかったのか。政府に警護を依頼した日本船主協会によると、例年ならアデン湾を通過する船舶はコンテナ船と自動車専用船で約千五百隻を占める。しかし、米国のサブプライムローンをきっかけにした二〇〇八年暮れからの世界不況の影響で自動車専用船の運航が半減するなど、アデン湾を航行する船舶が激減したのだという。

船舶が余った影響から日数をかけて南アフリカの喜望峰を迂回する船も出てきた。〇八年、スエズ運河を通過した日本関係船舶が支払った通行料は一隻平均で約二千万円にものぼる。喜望峰を経由すれば、航行日数は十日から二週間程度増えるが、高額な通行料を支払わずに済み、経済速度で燃料費と併せて節約する船主は確実に増えた。

アデン湾を通過する船舶が二千隻という国土交通省の説明自体が不正確だったことになる。アデン湾を必ず通る船舶でも荷主との契約から四日に一回の警護活動に合うタイミングでアデン湾を通過するのが難しい場合が多く、他国の船団の末尾に着き、紛れて通過する例もある。日本船主協会は、政府に船団護衛を依頼しながら「自衛隊の護衛を活用しない」という選択をしていると考えるほかない。一八年一月の護衛対象は外国船籍が三隻、二月は同二隻でともに日本船籍はゼロだった。

海賊発生件数は一一年の二百三十七件をピークに減り続け、一五年はゼロ、一六年は二件で、乗っ取られた船舶は一四年から一六年まではゼロだった。これを受けて防衛省は一六年十一月、派遣していた護衛艦を二隻から一隻に減らした。

その一方で防衛省は、一七年度防衛費に拠点の面積を三ヘクタール増やして十五ヘクタールとする拠点関連経費十一億円を計上した。警護活動を縮小するにもかかわらず、ジブチの活動拠点を拡大するのだ。一七年十一月にジブチ政府との交渉がまとまり、冒頭の小野寺防衛相の言葉となったのである。

防衛省統合幕僚監部は「拠点に隣接して三ヘクタールの空き地があり、道路からフェンスまで簡単に近づける。警備上の問題があるのでこの空き地を取り込むことにした」と説明する。ただ、空き地は拠点の開設当初からあるうえ、「現地の治安が悪化したわけではない」という。変化といえば、海賊対処に参加している中国軍が補給施設を兼ねた軍事基地を一七年八月に開設したことである。中国軍の基地建設のほかに、自衛隊の拠点を拡大する理由はみあたらない。

ジブチにつくられた自衛隊の拠点(2012年7月)

実態は海外基地

海上自衛隊の拠点はどう使われているのか。

二〇一七年一月から三月までジブチ軍の駐屯地で道路整備のための重機の操作を指導し、教官役として日本から派遣された陸上自衛隊員が活動拠点として寝泊まりするのに使われた。将来、アフリカ諸国の軍隊を招いて教育する場として活用し、能力構築支援の拠点とする案が検討されている。

また統合幕僚監部は一七年九月二十五日から十月二日まで国内とジブチを結んで、安全保障関連法で制定された邦人保護訓練を実施した。ジブチには航空自衛隊の空中給油輸送機が派遣され、邦人役の自衛隊員らを愛知県の小牧基地まで空輸した。

あらためて確認しておきたい。ジブチの拠点は海賊対処法にもとづく、海賊対処のための活動拠点である。拠点を開設した五カ月後の一三年十一月十八日、小野寺防衛相は「参議院国家安全保障に関する特別委員会」で、こう答弁している。

「このジブチでの活動拠点というのは、例えば、今回、恒常的に自衛隊がジブチに駐留するということで使用しているわけではなく、あくまでも現状の派遣海賊対処行動航空隊の活動のための拠点という考え方で置いておりますので、活動拠点という形で呼ばせていただいております」

外国軍の能力構築支援のために使ったり、邦人保護の空輸訓練をしたりするのは、海賊対処法とは無関係ではないのか。防衛省幹部は拠点拡大をきっかけに「多目的に使いたい」という。アフリカで日本の影響力を強めるための文字通りの「拠点」になるとすれば、海賊対処という本来の目的からさらに外れる。それは同時に自衛隊にとって本物の海外基地を持つことを意味している。

日本政府は、自衛隊が派遣される相手国との間で、自衛隊の身分を保障してもらう地位協定が締結できなければ、原則として当該国に自衛隊を派遣しない。当然ながら、ジブチ政府との間には地位協定が結ばれている。

在日米軍が任務中に引き起こした事件・事故の第一次裁判権を米側が持つという、あの日米地位協定と骨格は変わりない。国内では米軍の事件・事故のたび、地位協定見直しの声が上がるにもかかわらず、海外に派遣される自衛隊の「免罪符」について、論議を呼ばないのは不思議というほかない。

過去の海外派遣でも注目されたのは「送り出すまで」。「派遣した後」には急速に関心が薄れ、結果的に派遣先での自衛隊の自由度は増すことになる。ジブチも例外ではない。

2　自衛隊は米軍の名代か

米軍のテロ対策の拠点に並んで

筆者は二〇一二年六月三十日から七月十一日まで南スーダンとジブチを取材した。七月に訪れたジブチは初夏とはいえ、日中の気温は五〇度を越えるが、湿度は極めて低く、汗はあまり出ないほど。時折吹く風はドライヤーから出る熱風そのものだ。

砂漠色の街を進むと小銃と防弾チョッキで武装した迷彩服姿の陸上自衛隊員が立つゲートが見えた。「日本国自衛隊　派遣海賊対処行動航空隊」とある。

敷地に入るとプレハブの隊舎、宿舎が一体となった平屋建ての建物が数棟。暑さを避けるため外に出ることなく廊下を通って、部屋から部屋へと移動できる造りだ。トレーニングルームが併設された体育館、図書館、カラオケ酒場まであり、活動の長期化を想定していることが分かる。

この拠点はジブチ国際空港の北側にあり、滑走路を挟んだ南側には広大な米軍基地「キャンプ・レモニエ」が広がる。海上自衛隊のＰ３Ｃ部隊は拠点が完成するまで、この米軍基地に居候していた。キャンプ・レモニエの役割は、在ジブチ日本大使館も「教えてもらえない」というほど秘密めいている。設置のきっかけは、二〇〇〇年十月、アデン湾を挟んだイエメンで起きた米駆逐艦「コール」への自爆テロ事件だった。寄港中だったコールは国際テロ組織アルカイダのボートによる自爆テロを受け、乗員十七人が死亡した。米政府はアルカイダによる大規模テロ発生の危険性を深刻に受けとめ、警戒を強める中で翌〇一年九月十一日、米ニューヨークの国際貿易センタービルや首都ワシントンの国防総省へハイジャックされた旅客機が突っ込む同時多発テロ事件は起きたのだ。

キャンプ・レモニエを統轄するのはドイツに司令部を置く米アフリカ軍。米軍は世界をアジア太平洋、北米、南米、欧州、中央アジア、アフリカの六つに区分し、地域ごとに方面軍を置く。アフリカ軍は〇八年に設置された一番新しい方面軍だ。担当地域は文字通りアフリカだが、設置の経緯からキャンプ・レモニエは対テロ作戦の拠点とみられる。

駐留するのは陸海空三軍の航空部隊で、肉眼でもF15戦闘機八機と多数の輸送機、ヘリコプターがみえる。早朝、無人偵察機「プレデター」が基地から離陸していった。

空港近くにはフランス軍も駐留している。もともとフランスの植民地だったジブチは、現在も国の安全保障をフランスに依存する。中心部のホテルには海賊対処のドイツ軍やスペイン軍も滞在するが、いずれもフランス軍の基地を間借りして勤務する。独立した基地を持つのは、ごく小規模の基地を持つイタリアを除けば、米国、フランスに次いで、日本が三番目ということになる。

在ジブチ日本大使館の西岡淳特命全権大使は「海上自衛隊の拠点があるから、われわれも米国と対等に話ができる。自衛隊のように緻密な作戦行動をとれる国はそうない。外交的にみても自衛隊の駐留は有意義です」と話した。

米軍に代わり中心的役割を担う海上自衛隊

二〇一二年七月九日、海上自衛隊のP３C哨戒機に乗り、海賊対処行動を初めて上空から取材した。

敷地続きのジブチ国際空港から離陸したP3C哨戒機は、東京—博多間に相当するアデン湾の東西に長い千百キロメートルを監視する。上空はモンスーンの影響で砂が舞い、窓の外は薄茶色の世界が広がっている。

ジブチを出航する護衛艦「さわぎり」(2012年8月)

離陸から一時間後、高度を下げると視界が広がり、貨物船三隻を前後にはさみ込み、航行する護衛艦「いかづち」「さわぎり」が見えた。P3C哨戒機の乗員によると、貨物船は排水量二万トン程度の中型船という。海上自衛隊がつくる船団の横を大型の自動車運搬船が追い抜いていった。「大型で高速の船は海賊に襲われにくいので、護衛なしで単独行動することも多い」と航空隊広報班長の角安博一尉。やはり船舶すべてに護衛が必要というわけではないのだ。

帰路、中国海軍の駆逐艦を見つけた。貨物船三隻を一隻で率いている。機長の鬼頭祐介二佐が無線で「海賊の情報を持っているか」と問いかけると中国駆逐艦は「持っていない」と答え、短いエールの交換が終わった。

各国海軍や民間船舶との交信は暗号がかかった秘通話ではなく、国際VHFで暗号なしで行っている。海上保安庁の巡視船でも搭載している通信機だ。護衛艦には海賊逮捕

ソマリア沖で護衛艦から海賊船の監視活動をする海上自衛隊員（2009年6月）

に備えて、護衛艦一隻に四人ずつ八人の海上保安官が同乗している。

Ｐ３Ｃ哨戒機の活動について、航空隊司令の敷嶋章一佐は「われわれはアデン湾の監視飛行を一カ月に二十日間、実施している。これは他国を含めた監視飛行の七割にあたります」と胸を張った。哨戒機を派遣しているのは海上自衛隊のほか、ドイツ、フランス、スペイン、オーストラリア、スウェーデンの五カ国。各国軍は一機だけのうえ、ゼロになることもあり、常時二機を派遣する海上自衛隊は中心的な役割を担う。

飛行日程の調整は中東バーレーンにある米海軍第五艦隊司令部で行われており、米軍主導であることは疑いがない。しかし、その米軍は、紅海、アラビア海の海賊監視のほか、対テロ作戦に自国のＰ３Ｃを活用しており、自衛隊が派遣されるまでは米軍が中心となっていたアデン湾の監視飛行は海上自衛隊が任されている。自衛隊はいわば米軍の「名代」を務めているのだ。

海上自衛隊は一三年十二月、アデン湾の護衛艦による船舶の直接護衛に加え、米海軍が設けた「ＣＴＦ151」に参加した。ＣＴＦ151は、アデン湾を複数の海域に分け、担当海域に進入した海賊船から民間船船を守るゾーンディフェンス方式をとる。Ｐ３Ｃ哨戒機の部隊も一四年二月からやはり参加するようになり、米軍との一体化がさらに深まった。一四年八月からＣＴＦ151の司令部に司令部要員を派遣。一五年五月、多国籍部隊の司令官として自衛隊創設以来初めてとなるＣＴＦ151司令官に伊藤弘海将補を送り込んだ。

ＣＴＦ151には米国、英国、フランス、オーストラリアなどの各国海軍が参加している。司令官となった自衛隊幹部が他国の艦艇に対し、海賊船への発砲を命じることはないのだろうか。防衛省の担当者は「ＣＴＦ151の司令官が行うのはあくまで参加国間の連絡・調整。武器使用の判断は各国に委ねられており、強制はしない」と話す。一八年五月までに司令官を務めた海上自衛隊幹部は三人を数えた。

ＣＴＦ151の司令官は当初、米海軍の将官が務め、次に各国海軍の将官に引き継がれた。その中に海上自衛隊も組み込まれている。アフリカの地で日米の連携は確実に強化されている。

3　勢いづく中国のアフリカ進出

中国主導の世界経済圏構想とアフリカ

アフリカの要塞――。

中国にとって初めての海外基地が二〇一七年八月一日、ジブチの港湾に面して開設された。周囲を高さ十メートルの土塀に囲まれた敷地は三十六ヘクタールあり、東京ドームの八倍近い。広大な敷地に四階建ての建物が十棟以上あり、航空機用の大型格納庫が七棟並ぶ。駐留する部隊は七月十一日、広東省湛江の軍港から大型揚陸艦「井岡山」など二隻で出発し、基地に直結する岸壁からジブチに降り立った。

中国政府は「ジブチ保障基地」と名付け、「船舶護衛やＰＫＯ、人道主義に基づく救援活動の拠点」と軍事色を薄めて説明しているが、七月十二日付の中国共産党機関紙『人民日報』傘下の『環球時報』は「商用の補給地点ではなく、中国海軍のさらなる遠方への進出を支持するものだ」と報道し、事実上の軍事基地であることを認めている。

ジブチは中東・アジアへと延びるアデン湾の西端にある。同時に地中海とスエズ運河でつながる紅海の最南端にあり、東西交通の要衝。五〇度を越える気温、砂漠のような土質から土地の生産性は低く、海に面した地勢を利用して港湾利用や中継貿易で収入を得てきた。

ジブチ政府は一二年、老朽化した国営のジブチ港を日本のＯＤＡで整備する案を日本側と検討していたが、突然、港湾の民営化を発表する。間もなくして中国の国有企業が民営化された港湾企業の株式の二三％を取得。港湾整備、運用の指導権を握った中国は港湾の整備費用の半分以上を負担し、隣接する土地に「保障基地」を建設した。

日本の外務省のホームページによると、ジブチの主要援助国として一位のフランスの次に日本、三位に米国となっているが、近年、中国は貿易、投資、ＯＤＡの三本柱で貢献し、現実には援助額の九割を占めるといわれる。大使館を置いたのはジブチが独立したのと同じ一九七七年と早く、ジブチ港湾の整備のほか、政府機関の建物建設やジブチとエチオピアの首都アジスアベバをつなぐ鉄道の近代化も中国主導で進んでいる。中国はジブチをアフリカにおける資源確保の橋頭堡として、また海上交通路を確保するための海軍基地として利用しているのである。

視点を移して中国本土を起点とし、東南アジアを経て、アフリカのジブチに至る海上交通路の全容をみてみよう。この海域の中国の戦略は「真珠の首飾り」と呼ばれる。中国が付けたものではなく、〇四年米国防総省が作成した内部報告書に登場する。〇五年ごろから中国は資源・エネルギー確保のため、中東・アフリカへの海上交通路の確保を目指し、艦船が安全に寄港できる港湾の建設を進めてきた。パキスタンのグワダル港ほか、ココ島、シットウェ港（以上ミャンマー）、チッタゴン港（バングラデシュ）、ハンバントタ港（スリランカ）などはいずれも中国政府の資金で港湾整備を行っている。中国に近い南シナ海の南沙諸島、西沙諸島で岩礁を埋め立てて軍事基地化したのも海上交通路を確保する目的であり、ジブチの「保障基地」も例外ではない。

こうした海上交通路の完成を待っていたかのように一四年十一月、習近平国家主席は中国で開催された「アジア太平洋経済協力（APEC）首脳会議」で新たな経済圏構想「一帯一路」を発表した。中国西部から中央アジアを経由してヨーロッパにつながる「シルクロード経済ベルト（一帯）」と、中国沿岸部から東南アジア、バングラデシュ、スリランカ、アラビア半島、アフリカ東岸を結ぶ「二一世紀海上シルクロード（一路）」という二つの交易路でインフラを整備し、貿易を促進して中国と中東、欧州間の資金の往来を加速させる計画である。

「一帯一路」を実現するため財政難の各国に資金提供する「アジアインフラ投資銀行（AIIB）」を設立、「中国・ユーラシア経済協力基金」を設けた。最終的な目的は中国からの経済援助を通じてあらたな世界経済圏を確立することにある。人民元の国際準備通貨化を求めているのもその目的のためである。

中国主導の世界経済圏の構築を警戒する安倍政権はAIIBへの参加を見合わせている。さらに「真珠の首飾り」戦略によって中国の影響力が及ぶ各国に取り囲まれ、警戒を強めるインドを引き寄せようと一六年八月、ケニアで開かれた「アフリカ開発会議（Tokyo International Conference on African Development＝ＴＩＣＡＤ）」の基調演説で「インド太平洋戦略」を打ち出した。アジアとアフリカのインフラ整備と安全保障協力をパッケージで推進していく外交方針で、一七年十一月に来日した米国のトランプ大統領にも協力を呼び掛けた。中国の「一帯一路」に対抗してインドを取り込み、日米豪印の四カ国で主導権を確保していこうというのだ。

米国が抱えるトラウマ

その日米豪印の中心になるべき米国は、実はアフリカではまったく存在感を発揮できていない。米兵十八人が犠牲になったソマリアＰＫＯの失敗から、ＰＫＯへの部隊派遣をやめたからである。ＰＫＯは現在、アフリカでの展開がもっとも多いにもかかわらず、米兵の姿が見えないことにより、米国のリーダーシップは後退した。

ソマリアＰＫＯの失敗は国連の失策でもあった。国連はソマリア内戦の収拾にあたり、一九九二年四月に「国連ソマリア活動（United Nations Operation in Somalia＝ＵＮＯＳＯＭ）」を設立したが、治安状況が劣悪だったため、成果を上げられないまま終わった。次に国連は同九二年十二月三日に国連安保理決議794を採択し、加盟国に対し、国連憲章第七章に基づく武力行使を含む必要なあらゆる措置の実施権限を付与した。

これにより米軍を主力とする「多国籍軍・統合任務部隊（Unified Task Force＝ＵＮＩＴＡＦ）」が編制さ

れ、同年十二月から作戦を開始し、ＵＮＩＴＡＦの防護下で人道支援活動が行われた。

次に国連安保理は、ガリ国連事務総長の主導のもと九三年三月二十六日に安保理決議８１４を採択、ＵＮＯＳＯＭに強制力を持たせて、平和創出活動を行うことを決議。これを受けてＵＮＯＳＯＭⅡが設立された。米軍の大半はＵＮＩＴＡＦに残り、国連の活動は二本立てとなった。

しかし、国連の武力行使に反発したソマリア民兵とＵＮＯＳＯＭⅡはたびたび衝突。国連に対する市民感情が悪化する中、首都モガディシュで米軍とソマリア市民との間で激しい戦闘に発展し、殺害された米兵の遺体が市中を引き回される衝撃的な映像が公開された。

映像は米国民に大きなショックを与え、撤退を求める世論の高まりを受けて、米政府は九四年三月、米兵をソマリアから全面撤退させた。これをきっかけに米政府はＰＫＯへの部隊参加を見合わせるようになり、アフリカの紛争地から米兵の姿が消える。

その一方で中国はアフリカのＰＫＯに積極的に部隊派遣を続け、ＰＫＯを通じたアフリカへの貢献について中国は存在感を増すことになる。

ところで、ソマリアでの平和創出活動は失敗したものの、市民保護のため一定の強制力を持たせる必要があるとの議論が高まり、二〇〇〇年以降のＰＫＯはその大半が「七章型」、つまり武力行使を容認するＰＫＯとなっている。

海軍力を強める中国

話をジブチの中国軍に戻そう。中国は二〇〇八年末から海賊対処でソマリア沖にフリゲート艦の派遣を開始した。ジブチ進出に本腰を入れたのは一一年に自衛隊の拠点が開設した後である。防衛省が拠点に隣接する三ヘクタールの空き地をジブチ政府から借り上げたのは、中国軍による偵察を避ける狙いとされる。

海軍力を強める中国だが、一九九〇年台前半までは外洋に進出したことのない沿岸海軍にすぎなかった。旧日本海軍を生みの親とし、米海軍を育ての親とする海上自衛隊は中国海軍にとって関心事のひとつだった。中国軍艦艇が訪日した際、上陸した中国軍兵士が注意を振り切って自衛隊施設の撮影を続けた事案もあったほどである。

ジブチの拠点に海上自衛隊の航空隊司令として派遣経験がある木村康張一佐は、ジブチで行われた中国海軍艦艇のパーティーを振り返る。

「中国艦艇に乗り込むと四、五人の士官に囲まれた。そうしたグループがあちこちにできて、海自幹部はグループのまん中に置かれ、英語が堪能な中国士官と話すことになる。なぜか他の士官は口をきかない。しかし、英語を理解して話に聞き入っているのでしょう」

パーティーに参加すれば、海軍の水準が分かるという。木村一佐は「中国海軍はホストとして実にしっかりしている。スマートな振る舞いをみる限り、米英海軍や海上自衛隊と肩を並べたようにみえる」という。

4　安倍首相がアフリカ支援を国際公約

米国のＰＫＯ予算縮小のために

二〇一四年九月二十六日、米ニューヨークにある国連本部。米国のバイデン副大統領の呼びかけによる国連ＰＫＯハイレベル会合（第一回ＰＫＯサミット）が開かれた。

演説に立った安倍首相は「積極的平和主義に基づく、三つの貢献策を申し上げます」と切り出し、①ＰＫＯへの積極参加、②ＰＫＯで活躍できる文民の育成、③重機などの装備品供与と各国要員への操作教育をパッケージで実施する――ことを国際公約した。

日本の外務省はホームページで「日本は共催国として安倍総理が参加し具体的な貢献策を発表することで確かな存在感を示すことができました。今後、積極的平和主義の考え方に基づき国連ＰＫＯに更に貢献していく方針です」と記している。

第二回ＰＫＯサミットは、オバマ米大統領の呼びかけで翌一五年九月二十八日に開催され、再び、安倍首相が講演した。首相は「私はこの一年、昨年表明した貢献策を着実に具体化するとともに、「積極的平和主義」に基づき、国際社会の平和と安定に更なる貢献を行うための態勢整備に全力を注いできました。第一に平和安全法制の整備です」と述べて、平和安全法制＝安全保障関連法の成立を誇った。次には、ケニアの首都ナイロビで陸上自衛隊によるアフリカ諸国の兵士への重機操縦の指導が始まっていることを成果として挙げた。二回の会合を通じて、安倍首相はアフリカ支援を明確に打ち出したといえる。

ＰＫＯサミットの開催を呼びかけた米国の真意はどこにあったのだろうか。

ＰＫＯ予算は国連予算とは別に建てられ、米国は一四―一五年の国連予算の二二％を負担し、ＰＫＯ

予算はそれより多い二八％を負担した。国連予算そのものが減り続けている一方で、ＰＫＯ予算は増加傾向にあり、一四―一五年は八十四・六億ドルと初めて八十億ドルを突破、財政赤字に悩む米国にとって手痛い出費となった。

二〇一八年三月現在、世界十五カ国・地域で展開するＰＫＯのうち、アフリカが九カ所を占める。二〇〇〇年以降に始まったアフリカのＰＫＯは八カ所。増え続けるＰＫＯ予算を減らし、米国の財政負担を小さくするにはアフリカのＰＫＯを終息させるのがもっとも効果的である。

アフリカ以外の国々からのＰＫＯ参加には、移動のための時間と費用がかかることを考えれば、「アフリカの問題はアフリカで解決する」という案が浮上しても不思議ではない。それには「安全保障環境の改善」を打ち出し、そのための人的、物的投資に前のめりになっている安倍政権を取り込み、ＰＫＯ予算における米国の負担減を図るべきだとの結論に至ったのではないだろうか。現に米政府は日本のアフリカ支援が本格化した後の一七年六月、国連に対し、ＰＫＯ予算の縮小を求め、国連は七％（五・七億ドル）削減することで米国と合意している。

アフリカでの自衛隊による重機操作指導

日本政府は二回のＰＫＯサミットを受けて、政府部内に「アフリカ施設部隊早期展開プロジェクト（The UN Project for African Rapid Deployment of Engineering Capabilities＝ＡＲＤＥＣ）」を立ち上げた。ＰＫＯへ工兵部隊を派遣する意思を表明したアフリカ各国の兵士をケニアのナイロビにある「国際平和支援訓練センター」に招き、陸上自衛隊の施設科（工兵）隊員が重機の操作法を指導することになった。

試行訓練は二〇一五年九月から六週間行われ、ルワンダ、タンザニア、ケニア、ウガンダ各国の兵士十人に対し、陸上自衛隊員十一人がブルドーザー、油圧ショベル、バケットローダ、グレーダなどの重機の操作や整備を指導した。ＡＲＤＥＣは一六年六月から本格化し、試行訓練を含めれば一七年七月の第四回目までに陸上自衛隊員七十九人と事務官一人がナイロビに派遣され、約百三十人の各国兵士が重機の操作法などを学んだ。

こうした活動は、まったくと言っていいほど日本で報道されていない。日本のマスコミの自衛隊海外派遣の関心事は武力行使に踏み込むか否かにあり、一般的な自衛隊の活動については国内であれ、海外であれ、報じることはあまりない。これにより自衛隊活動の全体像は、視界不良となって遠方に霞むこととなる。自衛隊がアジア太平洋のみならず、遠くアフリカまで出向いて能力構築支援を始めたことを知る人はどれほどいるだろうか。

ところで、ＰＫＯサミットで安倍首相は自身が提唱した「積極的平和主義」を強調しているが、首相のいう積極的平和とは、国際社会の平和と安全のために軍事力の活用を含めて、日本が積極的に関わっていくという意味であり、ノルウェーの社会学者、ヨハン・ガルトゥング博士が提唱した貧困、抑圧、差別など構造的暴力のない状態を指す積極的平和とは何の関係もない。

安倍政権は「積極的平和主義」をスローガンに掲げ、憲法解釈を一方的に変更して、歴代内閣が「憲法上、行使できない」と国民に説明してきた集団的自衛権行使を一部解禁し、戦争法とも批判される安全保障関連法を制定して、自衛隊の海外における武力行使や他国軍の武力行使との一体化を可能にした。

その安全保障関連法を制定したことまで持ち出して、日本による貢献をアピールした首相だったが、結局、アフリカにおける自衛隊による他国軍への指導は過去、ＰＫＯで自衛隊が行ってきた道路補修など後方支援分野の重機操作にとどまっている。

安全保障関連法でやはり実施可能となった「駆け付け警護」「宿営地の共同防護」の指導を依頼されたとしても、治安維持を担う歩兵(陸上自衛隊では普通科)部隊の派遣を経験したことのない自衛隊では説得力ある指導は困難だろう。

平成二十八年版『防衛白書』には試行訓練に参加した陸上自衛隊施設学校の岡崎倫明三佐の感想が掲載されている。

「ケニア、ウガンダ、ルワンダ、タンザニアの各国軍から参加した十名の訓練生に対し、全員が「安全かつ確実に」操作出来るようになることを目標に、通訳を介して、ドーザ、グレーダ、バケットローダ、油圧ショベルの基本操作等を、通常の約一・五倍の時間をかけて教育しました」「グレーダを真っすぐ後進させることができるまで二週間を要した訓練生もいましたし、また、酷暑の中での器材のオーバーヒートや、作業中に突然現れた水道管を破裂させて訓練場が水浸しになるというトラブルもありました」

言葉の壁や慣れない重機の操作に戸惑う各国兵士の姿が浮かぶ。最終的には参加者全員が操作法を身に付けることができたと誇らしげに語っている。

アフリカへの影響力をめぐって――中国と日本、そして米国

ＰＫＯを通じてアフリカの国々に貢献するのは、このプロジェクトが初めてだが、冷戦後、欧米はア

フリカへの関心を失い、支援から手を引き始めた一九九三年、日本政府は自らが主催する「アフリカ開発会議（ＴＩＣＡＤ）」を興し、アフリカ諸国を財政面や技術面で支援する取り組みを始めている。背景には、五十を超える国々があり、日本が国連安全保障理事会の常任理事国入りをめざす上で「大票田のアフリカ」の支持を得る狙いがある。

ＴＩＣＡＤは当初、貧困層支援の側面が強かったが、四半世紀の間にアフリカは成長軌道に乗った。すると中国やインドも開発支援の枠組みをつくり、積極的に関わり始め、先行していたはずの日本の存在感が薄れてきた。

一発逆転を狙った日本政府は二〇一六年八月二十七日、初めてのアフリカ開催となる第六回ＴＩＣＡＤをナイロビで開き、安倍首相は百五十を超す日系企業、二千―三千人もの日本人ビジネスマンを引き連れてアフリカ入りした。

安倍首相は開幕の基調演説で、まず「アフリカからの国連安全保障理事会の常任理事国入り」を訴え、「国連安保理改革こそは、日本とアフリカの共通の目標です。達成に向け共に歩むことを、皆様に呼びかけます」と述べ、日本も目指す常任理事国入りについて、力を込めた。

次に経済協力に話題を移し「日本企業には「質」への献身がある。アフリカで力を生かすときが来た」と語り、総額三百億ドル規模の官民による投資を約束した。人材育成面で「質の高いアフリカ」をつくるとも説明。アフリカでの影響力を強める中国に対抗して、官民挙げたオール・ジャパンで「量より質」を強調してみせた。

とはいえ、前年の一五年十二月、南アフリカで開かれた「中国・アフリカ協力フォーラム」に出席した習近平国家主席は「技術者教育に四万人を中国に招き、農業指導グループ三十組を派遣、五カ所の交通大学建設を支援する」など具体的な数字を並べて大規模支援を打ち出している。投資する総額は六百億ドルに上り、日本が第六回TICADで打ち出した支援額の実に二倍。アフリカ全体で働く中国人は約百万人ともいわれ、日本人の百倍にあたる。カネ、ヒトの両面で日本は中国に大きく差をつけられている。

アフリカでは経済成長とともに地下資源などの利権をめぐって内戦が広がり、これを鎮静化するためのPKOが増えるという構図がある。これらのPKOに中国は多くの兵士を派遣し、主導権を握る試みを強めている。

アフリカで一人勝ちの様相をみせる中国に対し、本来なら牽制する役回りの米国はこれまで記した通り、PKOへの部隊派遣をやめたことにより影響力は薄れた。「米国不在の穴を埋めるのは同盟国の日本しかない」。安倍首相はそう考えているのではないだろうか。そして首相が構想するアフリカ支援の実働部隊となっているのが自衛隊である。

筆者の手元に防衛省の内部文書がある。河野克俊統合幕僚長が一四年十二月に訪米した際、米軍の高官とアフリカでの活動をめぐり、懇談した内容を記録した文書である（防衛省はこの内部文書と「まったく同じ文面の内部文書はない」と説明）。

河野統幕長はまず「エボラ対応として連絡官を派遣しているが、今後も常駐させたいと考えている」と述べ、西アフリカで広がったエボラ出血熱に対処している米アフリカ軍に自衛隊幹部を連絡要員として派遣し、今後も派遣を続けたい旨、伝えた。

するとオディエルノ陸軍参謀総長は「アフリカ軍においては様々な活動を行っており、人道支援のみならずテロ対策も重要となっている。過去数年間アフリカ方面で取り組みを実施し、九十四の活動を行ってきた。(ただし)訓練やアドバイザー、能力構築支援が主であり、この分野において連絡官を通じ日本の支援を得られることは米側にとっても有益。日本の様々な形でのコミットメントに感謝」と謝意を表明した。

アフリカでの影響力を維持したい米軍に自衛隊が寄り添う姿が浮かぶのである。

第3章

異例ずくめの南スーダンPKO

何のための自衛隊派遣か

南スーダンの首都ジュバにある宿営地で終礼を行う陸上自衛隊(2012年7月)

1 「停戦の合意」のないＰＫＯ

南スーダン独立の背景に米国の圧力

国連に加盟する百九十三カ国のうち、東アフリカにある南スーダンは百九十三番目の加盟国にあたる。二〇一一年七月九日に誕生した世界で一番新しい国であり、アフリカでは五十四番目の主権国家である。もともとは北部のスーダンに含まれる同一国家だった。そのスーダンは一九五六年、英国とエジプトの共同統治から独立。アラブ系のイスラム教徒が多い北部がアフリカ系のキリスト教徒が多い南部を支配する構図が定着した。

北部支配に対する反発から南北間で勃発した内戦は一九五五年から七二年まで続き、八三年から二十年近く続いた第二次内戦が終わりとなる二〇〇五年一月、南北間で即時停戦と南部に暫定自治政府を設置し、将来、独立をめぐる住民投票を南部で実施することで合意した。六年近くの暫定自治を経て、一一年一月に実施された住民投票で九八％が独立に賛成。スーダンはこの結果を受け入れ、南スーダンは独立を達成した。

独立の背景には米国のスーダンへの圧力があった。南北に分かれる前の旧スーダンの最大の産業は石油生産。産油量は一日約四十九万バレルで、アフリカで六位の産油国だ。埋蔵量は六十七億バレルとされ、欧米の石油会社が進出した。しかし、第二次内戦下で社員が殺害されたことをきっかけに米石油大手シェブロンが撤退。国際テロ組織アルカイダの指導者ウサマ・ビンラディン（二〇一一年五月米国が殺害）が一九九一年からスーダンを拠点にすると、米国は九三年、スーダンをテロ支援国家に指定し、経済制裁を科した。

石油の埋蔵地はその八割が南部に集中する。米国はスーダン政府に対して、南部の独立を認め、実現すればテロ支援国家の指定を解除、すなわち経済制裁を解除することをちらつかせて南北和平合意を迫り、結局、実現させた。すると米国はスーダンにインフラ整備や食糧支援など六十億ドルの資金を投入、南スーダンの独立が実現するまで「アメとムチ」と言われる見返りと圧力を繰り返したのである。

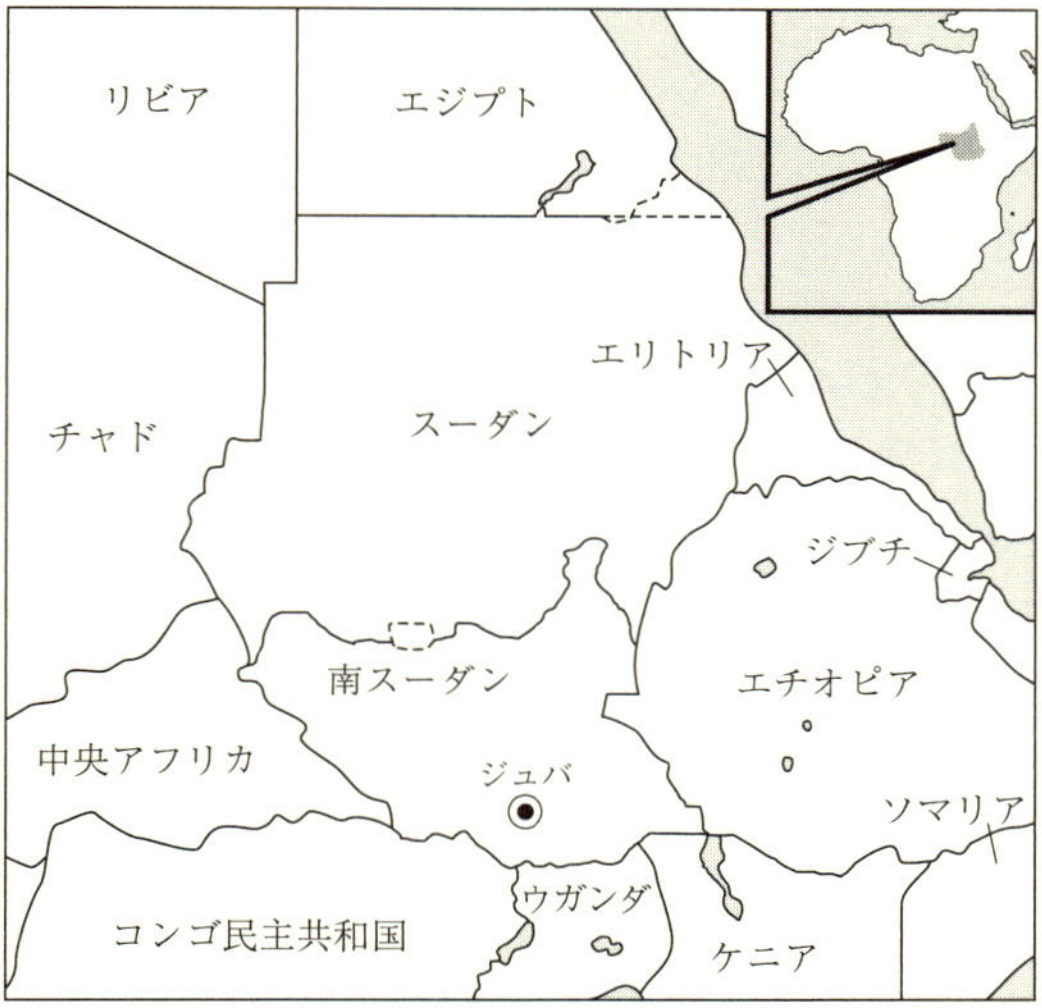

図 3-1　南スーダンと首都ジュバ

米中による覇権争い

資源豊かな南スーダンでの覇権争いに名乗りを上げたもう一つの大国が、中国である。米国がスーダンをテロ支援国家に指定した後、欧米勢と入れ替わるように中国国営石油会社がスーダンに進出した。中国政府は今世紀に入り、「走出去《ソーチューチー》（海外に出よう）」を合い言葉に自国企業の海外進出を促している。中国政府の後押しを受けた企業はリスクや現地の政治問題を無視して利益優先で事業の拡大を続け、南スーダンが独立する前のスーダンで生産される石油の三分の二は中国向けとなるほど影響力を強めた。

二〇〇五年、南北和平合意が実現し、南部で独立機運が高まると、中国は南部の有力者にも接近。〇九年、南部の若いリーダーたちが北京へ招かれ、研修を受けた。その大半は現在、南スーダン政府の指導的立場にあるとされる。中国は親中派の育成を怠ることはなかった。

二〇一一年七月九日、南スーダンの新首都ジュバで開かれた独立記念式典。キール初代大統領が国家建設への決意を力強く語るとファンファーレとともに歓声が上がり、式典は最高潮に達した。

式典には、米国のスーザン・ライス国連大使、ヘイグ英外相、南アフリカのズマ大統領、日本の菊田真紀子外務政務官ら内外の約三千五百人が出席した。中国からは、胡錦濤国家主席の特使として、閣僚の姜偉新・住宅都市農村建設相が送り込まれた。

国を代表してのあいさつが認められたのは独立に貢献した米国、そして存在感を強める中国の二カ国だけである。米国にとって南スーダンは、エジプト、スーダンなどアフリカ北部イスラム圏とケニア、ウガンダなど南部キリスト教圏との境界にあり、地理的に重要な位置を占める国である。中東・アフリカのイスラム圏との「テロとの戦い」に苦しむ米国にとって、南スーダンを親米国家に引き込む意味は大きい。

一方、スーダンとの蜜月関係を築いていた中国は、南スーダンの誕生によってPKOの国連スーダン派遣団(UNMIS)が終わるのと同時に立ち上げられた国連南スーダン派遣団(UNMISS)に工兵部隊をスーダン側からそっくり移し、南スーダンに寄り添う姿勢を鮮明にした。ジュバには中国企業の看板が並び、中国系ホテル、中国系レストランが矢継ぎ早に開設された。

南スーダン側からすれば、支援国を米国と中国の一方に絞る必要はない。米国と中国を競わせ、双方から利益を得るのが一番である。そうした思いが独立記念式典で米中両国の代表に演説をさせるというしたたかな態度となって現れた。

米国と中国にとっても南スーダンの安全が確保されなければ資源開発どころではない。米中のアフリカにおける利害は南スーダンで一致したようにみえる。世界の大国から言い寄られるという恵まれた環境下で産声を上げた南スーダン。順風満帆の船出を迎えたにもかかわらず、なぜＰＫＯが必要だったのだろうか。

「停戦の合意」なき派遣の後に武力紛争が発生

南スーダンの面積は日本の一・七倍。人口は千二百万人で日本の十分の一以下である。政府収入の九八％を石油輸出に頼り、他に産業らしい産業はない。せっかく独立したものの、国づくりの支援が不可欠な未熟な国家といえる。

一方、国連はＰＫＯの失敗などにより破綻国家となったソマリアの二の舞を避けるため、誕生したばかりの南スーダンの平和と安全を維持し、国づくりを支援する目的で南スーダンの独立と同時にＵＮＭＩＳＳを設立した。

陸上自衛隊は建国から半年後の二〇一二年一月、ＵＮＭＩＳＳに派遣されたが、南スーダンには北部のスーダンとの間で特段の紛争はなく、国内における紛争も発生していなかった。海外における武力行使を禁じた憲法上の歯止めにあたるPKO参加五原則のうち、「紛争当事者間の停戦合意の成立(停戦の合意)」は最初から存在しないPKOへの参加となった。

PKO協力法は「停戦の合意」がない場合の自衛隊参加を想定しており、第三条一項のカッコ書きの中で「武力紛争が発生していない場合においては、当該活動が行われる地域の属する国の当該同意がある場合」と定め、相手国の同意のみで派遣可能としている。

「停戦の合意」のないPKOは、自衛隊が南スーダンPKOに参加する前のハイチPKOも同じだった。ハイチでは一〇年一月十二日に地震が発生し、二十万人が死亡した。日本政府は外務省、自衛隊、JICAからなる国際緊急援助隊を現地に派遣した。この間、国連安保理はすでに実施されていたPKOの増員などを決議、防衛省は施設科部隊三百五十人をハイチPKOに派遣している。ハイチPKOは破綻国家となるのを未然に防止する狙いで設置されており、目立った武力衝突もないことから、やはり「停戦の合意」は存在しない。自衛隊は二つ続けて「停戦の合意」がない、すなわち紛争の危険がなく、安全に活動できるPKOに参加したのである。

だが、南スーダンは内紛の芽を抱えていた。独立するまではスーダンと対立することで歩調を合わせていたキール大統領の属するディンカ族とマシャル前副大統領のヌエル族が対立を深め、一三年十二月、首都ジュバで大統領警備隊同士の衝突が発生、次第に大統領派と前副大統領派による部族間の大規模な武力紛争に発展していくのである。

武力紛争の解決のために設立されるのが一般的なPKOなのに対し、南スーダンではPKOが設立された後に武力紛争が起きるという逆の展開となった。

2　ブルドーザーも空輸――使わなかった海上輸送

海外派遣を支える後方職種

二〇一二年一月十三日午前、大勢のカメラマンがレンズを向ける空の彼方に白い胴体に青いラインの入ったロシア軍輸送機「アントノフ124」が姿を現した。ジャンボ機「ボーイング747」より大きい超ジャンボな機体。着陸すると成田空港で待ち構えた輸送担当の陸上自衛隊幹部はホッと胸をなでおろした。イラクへの自衛隊派遣が続いていた七年前、〇五年二月四日のことだ。成田で待ち構えていた隊員のように石川県の航空自衛隊小松基地で大空を見上げていた隊員たちの目にチャーターした民間旅客機の姿が映ることはなかった。前日に続く、二日続けてのドタキャン。遂にチャーター機はやって来なかった。

ＰＫＯ協力法が成立した一九九二年以降、陸上自衛隊は海外へ派遣する隊員や物資の輸送に民間航空機を利用している。もともと海外での活動を想定していない航空自衛隊は米軍やロシア軍が保有しているような超大型の輸送機を保有していない。保有するＣ130輸送機やＣ１輸送機は航続距離が短く、搭載できる量も限られている。

民間機を利用する場合、契約を守る日本の航空会社が一番だが、日本航空、全日空とも隊員や通常物資の空輸は引き受けても武器と弾薬は運ばないため、武器類の空輸は海外の航空会社を頼らざるを得ない。

イラク派遣の際、陸上自衛隊は南アフリカの航空会社と契約を結び、武器を関西国際空港からイラクまで空輸する計画だった。ところが、間近になって関空側が「武器弾薬を搭載した航空機を離着陸させないのは空港の方針」として使用拒否を表明。急遽小松基地を利用することになる中で、肝心の飛行機が来ないという最悪の事態を迎えた。運べなかった武器類はあらためてチャーターしたアントノフ124に載せ、同月十八日、愛知県営名古屋空港から空輸した。計画の遅れは十五日間に及んだ。

輸送を担当したのは陸幕装備計画課輸送室。総括班長の加治屋裕一一佐は「あのときは胃が痛くなる思いだった」と振り返る。陸幕輸送室は日本からイラクまでの輸送をすべて担い、車両二百両、コンテナ四百個、品目にして四十五万点を送り込んだ。制服こそ着ているが、担う仕事は大手物流会社と変わりない。自衛隊の海外活動が盛んになったことで陸上自衛隊の中では目立たなかった輸送科がエキスパート集団に変身した。

陸上自衛隊の中枢を担うのは戦闘正面に立つ普通科(歩兵)、特科(砲兵)、機甲科(戦車兵)であり、歴代の陸上幕僚長もこの三科いずれかの出身だった。PKO派遣が始まったことにより、PKOで道路補修、施設復旧をする施設科(工兵)が注目を集めるようになったが、いずれの海外活動でも裏で支えるのは輸送科、需品科、通信科などの後方職種である。

旧日本陸軍で輸送職種は「輜重輸卒《しちょうゆそつ》(=輸送兵)が兵隊ならば、蝶々蜻蛉《とんぼ》も鳥のうち」と揶揄された。後方支援(兵站)の軽視が旧陸軍の欠陥のひとつであり、兵站を無視したインパール作戦の悲惨な最後はよく知られている。後方職種をその働きほど評価しているか不明だった陸上自衛隊だが、一七年八月、初めて施設科出身の山崎幸二陸将が陸幕長に就任。施設科の重要性が認識され始めた。

進む民間活用

話を元に戻そう。隊員の移動には主に民間航空会社のチャーター機が使われた。加治屋一佐は「いわば公共事業なのですべて入札でした。国内移動とクウェート到着後に使うバス、それにチャーター機の料金をセットにして公示したところ、国内外の旅行会社や運送会社が応札した」。イラクへの陸上輸送は国内業者が参加せず、現地業者を探して契約した。

膨大な荷物を一度に運べるのはアントノフ124しかなかった。同機を運用しているのは英国とウクライナの航空会社二社だけ。新酒ワインのボジョレ・ヌーボー解禁日が近づくとチャーター料は跳ね上がった。

自衛隊による輸送と比べ、安定感を欠く民間輸送。輸送以外でも、サマワ仮宿営地の建設を請け負った商社による作業は大幅に遅れ、完成したプレハブ宿舎はゆがんでいた。商社役員は「ビジネスチャンスと考えた」と利益第一で受注したことを悪びれずに話した。

それでも、自衛隊がイラク派遣で得た教訓は「いっそうの民間活用（民活）」である。統合幕僚監部（統幕）で部隊を動かす運用二課長の松村五郎陸将補は「冷戦後の戦争は、イラクのように戦闘地域と民間が入れる比較的安全な地域に二分できる。軍事費削減が進み、どの軍隊も自己完結が困難になっている」と解説する。

民活を積極的に取り入れているのが米軍である。バグダッドまでの陸上輸送にクウェートの業者を採用し、受注によって潤ったこの業者がトラックを新車に替えたことで故障が減り、同じ業者を利用する陸上自衛隊の輸送が安定した。風が吹けば桶屋がもうかる式の好循環が生まれた。

陸上自衛隊が撤収作業に入った二〇〇六年六月、イラク南部で軽装甲機動車が横転、隊員三人がけがをしてドイツの米軍病院に搬送された。

統幕は航空自衛隊のC130輸送機による日本への搬送を検討した。だが、プロペラ機のため四日もかかる。松村陸将補は「調べたら、ジェット機による医療搬送専門の代理店が日本にもあった。利用はしなかったが、民間のシステムは自衛隊より進んでいる」。加治屋一佐は「陸上自衛隊輸送科の幹部は百人足らず。全部自前でやるのは限界がある。部外の力が不可欠だ」と言う。

「軍民一体」。海外活動の本格化に欠かせないキーワードは、南スーダンPKOで生きてくることになる。

南スーダンへすべてを空輸

成田空港に到着したアントノフ124は、水タンク車や浄水車、トラックのほかテント、食糧、飲料水などが積まれ、夜にはウガンダのエンテベ空港を目指し、飛び立った。南スーダンが目的地にもかかわらず、ウガンダに降りるのは南スーダンの首都ジュバにある空港は滑走路が短く、大型機は離着陸できないからだ。エンテベ空港で降ろされた物資は中型機に積み替えられ、重機類はトレーラーに載せられ、八百キロメートル離れたジュバへ向かった。

自衛隊にとってPKOへの部隊派遣は、南スーダンで七回目。ハイチPKOでは派遣された韓国の工兵部隊とともに施設復旧にあたり、この作業を視察した潘基文国連事務総長が南スーダンPKOへの施設部隊の派遣を要請するという巡り合わせになった。野田政権は一一年十一月十五日、自衛隊派遣を閣議決定する。

「雨期に入る前までに活動を本格化して欲しい」。潘事務総長の要請を受け入れた日本政府に国連は無茶な要求をしてきた。現地は五月には雨期に入る。船便を使っていては間に合わない。

イラクでの輸送で手腕を認められた加治屋一佐は三十人の調査団を率いて南スーダンへ渡り、輸送ルートを模索した。結論は「海路を使わず、すべて空輸とする」だった。

ブルドーザーや車両の百五十両をアントノフ124四十二便と航空自衛隊のC130輸送機七便を使って空輸する計画を立て、一二年三月にはすべての輸送品がジュバに到着した。国連から支払われるのは海上輸送を想定した民間輸送船のチャーター料だけで、空輸に切り換えて高額になった輸送費は日本政府の負担となった。

防衛費五兆円のうち、海外活動や災害派遣、航空機や艦艇の燃料費などの一般物件費は二割の一兆円にすぎない。残り四兆円のうち二兆円は隊員の人件・糧食費、あとの二兆円は高額な武器のつけ払い経費だ。活動費は潤沢とはいえず、不足した場合は費目を定めずプールしてある防衛省の予備費から支払うか、国全体の補正予算で補うことになっている。ＰＫＯは国連から支払われる経費で十分ということは過去一度もなく、毎回、日本政府の「持ち出し」となっている。

中央即応集団を解散し、陸上総隊を新設した意味

最初に南スーダンＰＫＯへ派遣された第一次隊は、自衛隊の海外活動が本来任務に格上げされた二〇

〇六年十二月の自衛隊法改正を受け、〇七年三月に新設された海外派遣の専門司令部「中央即応集団」(東京都練馬区)から選抜された。一二年二月、直轄部隊の「中央即応連隊」(栃木県宇都宮市)を主力とする第一次隊二百十人がジュバへ派遣され、現地の拠点となる宿営地を建設して六月に帰国した。

過去のPKO派遣は全国に五つある方面隊の持ち回りだったため、予防接種や訓練などの準備に三カ月を必要としたが、中央即応集団が新編された後は二週間前後に短縮されている。「毎日がスタンバイ状態」(幹部)のため、派遣が決まった後は空輸する航空機や海上輸送の艦船が来るのを待つだけという。

中央即応集団は一八年三月、陸上自衛隊で初めて全国の部隊を束ねる陸上総隊が設立されたことにより廃止され、わずか十一年でその役割を終えた。

陸上総隊は五個方面隊のトップに立つ司令部組織である。防衛省は自衛隊統合運用の面から陸上総隊の必要性を強調する。海上自衛隊が自衛艦隊司令官、航空自衛隊が航空総隊司令官とひとりの司令官がトップに立つのに対し、陸上自衛隊は五人の方面総監がいて、陸海空自衛隊を運用する統合幕僚監部からの指示が伝わりにくいというのだ。

飛脚の時代ではあるまいし、情報伝達の利便性向上を理由に挙げる方も挙げる方だし、これに納得する国会議員らもどうかしている。陸上自衛隊を五個の方面隊としたのは、旧陸軍が暴走した太平洋戦争の反省から陸軍大本営にあたる統一司令部を持たせないという不文律が存在したからだ。東日本大震災などの災害派遣をきっかけに国民の自衛隊への理解が深まり、「もういいだろう」ということなのだろう。しかし、海外派遣を専門とする中央即応集団を飲み込んで新設された陸上総隊は防衛出動、海外活動、災害派遣などすべての任務に対応する「何でも屋」であり、その分だけ専門性は薄くなる。

現に初代の陸上総隊司令官は廃止される前の中央即応集団の司令官が就任し、二人いた中央即応副司令官のうち国内担当は運用部長に、海外担当が日米共同部長に就任しており、解体した中央即応集団を再配分しただけにみえる。

陸上総隊は方面隊の上に上屋を架したに過ぎず、情報伝達がかえって遅くなるとの見方もある。防衛省令で定めた指定職俸給表をみると、それが杞憂ではないことが分かる。中央即応司令官(陸将)と各方面総監(陸将)はいずれも五号俸で横並びである。これより上なのは七号俸を受け取る陸上幕僚長(陸将)ひとりだけ。文字通り階級社会の自衛隊で同じ陸将、同じ俸給というのは上下関係がないことを意味している。結局、陸上総隊は五個方面隊の調整役となるに過ぎない。

政府の行政改革方針により、国の行政組織があたらしい組織をつくるには古い組織を廃止する必要がある。自衛隊も例外ではない。陸上自衛隊は、横並びの組織を新設するために十年以上かけて育て上げた海外派遣のプロフェッショナル集団を消滅させた。悔いを残す結果にならないだろうか。

3　斬新さがアダになった「制服の外交団」

陸上自衛隊の南スーダンＰＫＯが始まって半年。先遣隊を兼ねた第一次隊による宿営地の整備と活動準備が終わり、二〇一二年六月から第十一旅団(北海道札幌市)による第二次隊と交代した。

第2章第2節で述べた通り、筆者は同一二年六月三十日から七月十一日まで、統幕の部隊公開に合わせ、南スーダンとジブチを取材した。このときに書いたルポを紹介したい(「何のための自衛隊・海外派遣か」『世界』二〇一二年一〇月号から抜粋し、一部修正)。

「国づくり」を模索する南スーダン

日本を出て二日目の七月一日、南スーダンの首都ジュバに到着。筆者は掘っ建て小屋のような空港ビルに一台だけある、わずかな涼風を送るエアコンの前で全身に汗を滴らせていた。

その前のケニアのナイロビ空港では、ジュバまで搭乗を予定していた便が「予定より早く出た」との理由で乗れなかった。成田空港からタイのバンコク空港を経て、ナイロビ空港まで二十時間経過している。

さらにナイロビ空港で七時間ほど待ち、振替えの便でジュバに到着すると、ビザ発給の窓口は二カ所しかなかった。黒人、白人が殺到する中で、また航空機が到着する。やっとの思いで窓口にパスポートとビザ発給を求める推薦状を投げ入れると、鋭い目の係官は「自衛隊の取材というなら自衛隊がいるはずだ。連れてこい」。えっ何で？ と沈黙した瞬間、後回しにされた。

陸上自衛隊は二月に南スーダン入りしている。入国管理の係官が知らないはずはない。この時点で、筆者のトランクは行方不明。国際携帯電話はつながらない。呆然としてガタガタと雑音を出すエアコンをながめていたところに、迷彩服の陸上自衛隊幹部がやってきた。さらに一悶着あって、やっと入国ビザが下りた。

この幹部は「ケニアで早めに出発したというのは、優先される国連関係の人で座席が埋まったからでは。乗客の荷物も国連物資で一杯になれば、後回しにされる」と解説した。「自衛隊が来た最初のころ、入管は機能していないに等しかった。国連の指導を受けた最近は厳しすぎる。ワイロが目的という話もあります」。実際に記者の中にはパスポートに百ドル札を一枚挟み込んで出す人もいた。

日本から一緒だった全国紙の記者は「こんなところで自衛隊が活動することに何の意味があるのか」。トランクは翌日の便でやってきた。

南スーダンはスーダンから独立したものの、全体が過疎のアフリカにあっても、際立って人口が少なく、国づくりに必要なマンパワーが不足している。国家予算は、日本の中堅都市の年間予算と変わらない額の一千二百億円。収入の九八％を占める石油は、内陸の南スーダンからは輸出できず、パイプラインを通じてスーダン経由で船積みされる。スーダンがパイプライン使用料を一方的に値上げしたため、南スーダンは報復措置として一二年一月、原油生産を中止した。やはり南スーダンの石油が国家収入のほとんどを占めるスーダンと共倒れの危機にある。

ケニア経由でパイプラインを引く計画もあるが、石油は十年から二十年で枯渇するとの情報から投資効果に疑問符が付き、資金調達のメドは立っていない。

独立はしたものの、明るい未来が待っているようにはみえない。そんな南スーダンに平和と安定をもたらす目的で、独立と同時にＰＫＯにあたるＵＮＭＩＳＳが設立された。文民保護のための武力行使が認められるＰＫＯでもあるが、「自衛隊は武力行使できないことを伝えてある」（防衛省）という。

自作自演の「オール・ジャパン」

陸上自衛隊の施設隊（三百三十人）は、ジュバで道路補修などのインフラ整備を行っている。活動内容は過去に参加したＰＫＯと変わりない。二十年前、陸自初の海外派遣となったカンボジアＰＫＯは紛争当事者を引き離す伝統型ＰＫＯだった。南スーダンで行われているのは平和をもたらすと同時に「国づくり」を支援する多機能型ＰＫＯである。

カンボジアの首都プノンペンや陸上自衛隊宿営地の置かれた南部のタケオは毎晩のように銃声が響き、民間企業が進出できる治安情勢ではなかった。南スーダンはスーダンとの対立を抱えているとはいえ、ジュバから小競り合いがある国境まで五百キロメートルも離れている。

この時のジュバの治安は驚くほどよく、ウガンダやケニアから進出した建設会社によるホテルや住宅の建設が進む。目当ては長期滞在する国連関係者や国外から戻り始めた富裕層だ。「民間企業が活動できる国で、なぜ自衛隊が必要なのか」との筆者の問いに、現地の自衛隊幹部は苦笑するほかなかった。

空港ビルの近くで建設中だった豪華な新空港ビルは中国が資金を出し、中国人労働者が働いていた。スーダンとの関わりが深かった中国は、産油地が集中する南部で南スーダンが独立するとＵＮＭＩＳＳ工兵部隊を派遣した。カネ、ヒトの両面で影響力を強めている。

一方、米国は米兵十八人が犠牲になったソマリアＰＫＯの失敗から、ＰＫＯへの部隊派遣をやめた。その代わり、南スーダン政府に巨額のＯＤＡを投下し、中国への牽制を強めている。南スーダンへの自衛隊派遣の背景に米国の力不足を補う役割があるのではないだろうか。現に複数の陸上自衛隊幹部は「米国が兵士を派遣しないアフリカでこそ日本が存在感を発揮すべきだ」と話した。

物流のための幹線道路は、南のウガンダから白ナイル川を経てジュバに入る一本だけ。そこに橋を架けたのが日本のＪＩＣＡであり、今度、ウガンダまで百九十キロメートルの道路を舗装するのが米国務省の下にある米国際開発庁（ＵＳＡＩＤ）である。近く二本目の橋をやはりＪＩＣＡが建設し、橋までの道路整備は陸上自衛隊が受け持つ計画が進んでいる。

南スーダンの背骨となる幹線道路を造ろうという日米両政府が南スーダンの将来をめぐり、話し合わないはずがない。「米国のカネ」「日本の自衛隊」が日米同盟を強め、アフリカの地で中国と対抗している。

七月三日、ジュバのホテルで日本の内閣府と在南スーダン大使館員、自衛隊、ＪＩＣＡの連絡会議が開かれた。迷彩服の陸上自衛隊幹部が「ＪＩＣＡとは三つの案件で連携を検討している」と話すと、司会の在南スーダン大使館員は「草の根無償資金協力（ＯＤＡのひとつ）が使えないか探ってみる」と答えた。

自衛隊員，在南スーダン大使館員，内閣府職員，JICA 職員らによる「オール・ジャパン」の会議（2012 年 7 月）

話し合われた内容は、実は出席した全員が熟知している。日本の報道陣に、当地で試されている「オール・ジャパン」による取り組みを紹介するのが会議の狙いだ。これまで海外でバラバラに活動していた自衛隊と他省庁を一体化し、効果的な支援策を打ち出している様子を殊更に強調してみせた。

自衛隊の活動を具体的に見ていこう。宿営地はジュバ空港に隣接する「トンピン地区」と呼ばれるＰＫＯ部隊の敷地内にあった。東西二キロメートル、南北三百メートルの横長の敷地でエチオピア、ネパール、ルワンダ、インド、バングラデシュの五カ国と同居する。指揮宿舎はエアコンの利きがよいプレハブで、業務用の隊舎は緑色のテント群だったが、まもなく完成するプレハブに移るという。

派遣期間が一年と短かったカンボジアPKOは最初から最後までテントだった。職住環境の充実は、明らかに長期間の活動を想定したものだ。閣議決定された派遣期間は一年だが、いくらでも延長できる。防衛省では「最低でも五年」が定説になっている(実際には五年四カ月の派遣で終了)。

施設隊長の松木信孝二佐は「「よい品質のものを、より多く、バランスよく」をモットーに日本隊ならではの仕事を残したい」と、インフラ整備にのぞむ部隊の心構えを話した。

日本の「やる気」は、部隊編成からもうかがえる。これまでのPKOで自衛隊はPKO司令部から指示が出るのを待って、作業を開始した。今回は違う。「現地支援調整所」という名前の「制服の外交団」が編成され、所属する三十人が施設隊の仕事を見つけるため、UNMISS司令部や国連機関、地元政府と調整する。

調整所長の生田目徹一佐は一月に現地入りした。「最初に取り組んだのはどんな現地ニーズがあるか探ること。南スーダン政府や国連機関と会合を重ねました。最初は「調整所とは何をやるチームか」と不審そうにみられたが、理解されたと思う。「国づくり」に積極的に取り組むことはUNMISSの任務に合致しています」

現地支援調整所は、イラク派遣の教訓から生まれたCIMICの考え方を体現した部隊だった。CIMICとは、軍事組織だけでなく他の官庁や民間の力を合わせ、インフラ整備を通じて地元に貢献し、治安安定につなげる手法を指している（一九―二一ページ参照）。

どんな利点があるのだろうか。ジュバで水道の改修事業を計画しているＪＩＣＡは、老朽化した建物の撤去と敷地造成を陸上自衛隊に依頼した。ＪＩＣＡジュバ事務所の花谷厚代表は「敷地造成を行う場合、業者を選定して作業するまでに時間がかかる。現地支援調整所に依頼すれば、自衛隊が素早く、しかも無償で仕事をしてくれるのです」

「タダで早い」とはいえ、ＪＩＣＡから自衛隊への委託では「日本から日本へ」となり、国連の枠組みから外れてしまう。そこで現地支援調整所の幹部が水道事業を担う州政府に出向き、「自衛隊を使いたい」とＵＮＭＩＳＳ司令部に対して言わせるのだ。ＵＮＭＩＳＳ司令部は活動目標の「国づくり」に合致するため、これを受け入れた。こうして自作自演の「オール・ジャパン」による南スーダン支援が実行されていくのである。

国連関連活動の実態

もちろん、自衛隊が担うのは日本関連の仕事ばかりではない。むしろ国連関連のインフラ整備の方が目立つ。ジュバの作業現場を回った。

郊外にある国連難民高等弁務官事務所（ＵＮＨＣＲ）の帰還民一時収容施設。スーダンからの引揚者が一時的に滞在する木造宿舎を二棟建設中だった。現地支援調整所が現場の写真と入手可能な資材の一覧を防衛省に送り、日本で建物を設計した。

工事は基礎工事が始まっていた。大人や子供の帰還民がみつめる中で迷彩服の隊員たちが黙々とコン

国連難民高等弁務官事務所の帰還民一時収容施設の宿舎を建設する陸上自衛隊（2012年7月）

クリートの基礎を固めている。

生コンを運んできたのは日本の基礎工事専門企業「利根エンジニア」の日本人技術者だ。南スーダンでは「JICAや国連関係の仕事を受注している」という。自衛隊は民間企業のライバルになりつつあるのではないか。

ジュバ空港近くの「国連職員宿舎周辺整備事業」と呼ばれる現場では、住宅地の中でロードローラーによる道路補修が行われていた。空港までの道路八百メートルを整地し、道路の両側に排水溝を掘るという。

「国連職員宿舎」はどこかと探しているとトタンぶきの貧相な家々の中に、高い塀で囲まれた二階建ての豪邸があった。UNMISSトップのヒルデ・ジョンソン事務総長特別代表の宿舎という。「ほかの職員宿舎は？」との問いに陸自幹部は「ありません」。自衛隊はたった一人の国連高官のために、自宅から空港までの道路を整備していたのだ。地元の人々は「なぜ、こっちまで整備しないのだ」と隊員に食ってかかっていた。

国連世界食糧計画（WFP）の建物は、丘陵地帯の広大な敷地の中にあった。陸上自衛隊が測量をしている。V字型の道路の底に水が溜まるので、道路と排水溝を整備するのだという。敷地内なので地元の人々の利便性向上とは無関係だ。ジュバ空港では複数の重機を使い、国連専用機のための駐機場整備が進んでいた。

ジョンソン特別代表は日本の報道陣との会見で「多くの国々が部隊を送らない中で、日本は強いコミットメントを発揮している」と持ち上げた。それはそうだ。自衛隊はジョンソン氏や他の国連職員のためにフル回転しているのだから。

ジュバ市内での陸上自衛隊による道路復旧活動(2012年7月)

住民のための道路整備も計画されているが、見通しは明るくない。南スーダンの舗装道路は国中合わせても全長たったの九十キロメートル。供給会社が一社しかなく、アスファルトが高価過ぎて舗装道路が造れないのだ。

国連にアスファルトを購入する資金がないため、自衛隊の道路整備は砂利と土を重機で踏み固めたところで終わる。雨期を迎えれば、泥沼のような悪路に逆戻りするから、整備と雨期のイタチごっこが延々と続くことになる。

取材に応じた南スーダン政府のベンジャミン情報相は「自衛隊は道路を整備したり、橋を架けたり、素晴らしい仕事をしている。ジュバ以外でも活動してほしい。地方が危険だからといってジュバにいたがるのは日本人だけだ。

あなたもジャーナリストならどれほど安全か見てきたらいい。仕事は無限にある」という。

橋を架けたのはＪＩＣＡだから情報相の勘違いだが、日本政府の狙った「オール・ジャパン」のアピールは成功しているようにみえる。日本政府が自衛隊の派遣先としてジュバにこだわったのは、政府要人の目にみえるところで活動することにより、日本を高値売りする狙いがあったのではないだろうか。

政治と現実の乖離

自衛隊の宿営地で「どこまでやったら活動は終わるのか」と複数の幹部に聴いた。「うーん」とうなる人がいる一方で、「政治が決めること」との模範回答が目立つ。その政治は防衛省の政務三役を含め、一人の国会議員も南スーダンの自衛隊を見ていない（二〇一二年七月時点）。撤収時期は、これまでのように防衛省の制服組がシナリオを書き、政治家が追認する「逆シビリアン・コントロール」によって決まるのだろうか（安倍首相によって唐突に撤収が決まる様子は第5章第4節で紹介）。

帰国後、南スーダンでの活動のあり方について、批判的な見方をする陸自幹部と会った。「現地支援調整所は必要ないどころか、有害だ。イラクで成功したから取り入れたというが、イラクは日本政府の独自判断による派遣だったから、いかようにも日本を売り込むことが許された。しかし、今回はＰＫＯ。国連のための活動という原則を忘れてはならない」

そのうえで「施設隊には『現地支援調整所が持ってくる仕事をすべて引き受けるようなことは避け、吟味するように』と伝えてある。仕事を次々に引き受けて、南スーダンへの進出を狙う外国から『仕事を奪うな』と批判され、トラブルになって矢面に立たされるのは自衛隊。政治家は守ってくれない」と警告を発するのだ。

南スーダンで試みている「オール・ジャパン」の取り組みを考えたのは、野田内閣でも民主党でも自民党でもない。内閣府、外務省、防衛省の高級官僚や自衛隊幹部たちだ。

一方、民主党政権と野党である自民党(二〇一二年七月時点)が検討を進めているのは、ＰＫＯ協力法を改定して、攻撃を受けた他国の軍隊を自衛隊が救助する「駆け付け警護」をＰＫＯに取り入れること。改正案は内閣法制局が「憲法違反にあたる」と主張し、国会上程前の段階でとまっている。成立すれば、自衛隊を危険な任務につけることにより、海外における武力行使に一歩近づくことになる。政治の目指す方向は、自衛隊を限りなく「軍隊」に近づけることにあるのではないだろうか。

こうした思惑など「どこ吹く風」と受け流すように自衛隊幹部や官僚たちは自衛隊を外交の道具として活用し、米国とともにアフリカでのリーダーシップを握ろうと考えている。机上で右傾化を夢見る政治家に自衛隊のかじ取りは任せられないとするなら、自衛隊がたどるべき道筋は自衛隊が自ら考え、自ら決断することになるのだろうか。

「日本が目立ちすぎる」

ルポは以上である。この話には後日談が二つある。ひとつは「現地支援調整所」の廃止である。二〇一三年十二月に撤収した第四次隊を最後に廃止され、第五次隊以降は施設部隊の中の「対外調整班」に格下げとなった。

二〇一七年十一月、帰国していた生田目一佐に話を聞いた。生田目一佐は、国連日本政府代表部での

他国からの批判に配慮し，「日の丸」シールを外した陸上自衛隊の給水車（2012 年 7 月）

三年の勤務経験がある国際協力の専門家でもある。

「PKOはまず治安を回復し、次に人道支援、復興支援に移るので長い年月がかかる。施設作業をしている間に次の仕事が決まれば、切れ間のない活動が可能になる。次の仕事を探すのが現地支援調整所でした」

この仕組みを理解できない他国の部隊からは「日本が目立ちすぎる」などの批判が上がり、自衛隊は百三十両の車両のバンパーから「日の丸」シールを外した。現地支援調整所の廃止について、陸幕は「現地でのパイプができた」ことなどを理由にしたが、廃止により、他国から批判される材料が消えたのは紛れもない事実である。

帰国した生田目一佐は熊本県にある陸上自衛隊西部方面総監部の総務部長を務めていた。「海上自衛隊が海賊対処に派遣されているアフリカ東部のジブチ、そして陸上自衛隊がいた南スーダン。両国の間には治安が安定し、アフリカ連合（AU）本部が置かれたエチオピアがある。オール・ジャパンの会議で、この三カ国からアフリカ全体に平和を広げていこうと話し合ったのですが……」と残念そうに話した。

二〇一七年五月の部隊撤収により、二十二年続いたＰＫＯの部隊参加は途切れた。安倍政権が次の派遣を急ぐ様子はない。「制服の外交団」がＰＫＯを牽引する「日本モデル」は立ち枯れていくのかもしれない。

もうひとつの後日談は「駆け付け警護」が可能となったことである。なぜ可能になったのか、次項で詳しく伝える。

4　変質するＰＫＯの現実——問われる自衛隊派遣の意味

集団的自衛権行使の閣議決定

二〇一四年七月一日、安倍首相は歴史に残る閣議決定をした。歴代内閣が「憲法上、許されない」としてきた集団的自衛権行使を「憲法上、一部許される」と憲法解釈を変更したのだ。歴代内閣が「許されない」との解釈を示してきたのは長年の国会論議を踏まえたものだったが、安倍首相はたった一回の閣議決定でその積み重ねを崩した。

これまでの政府見解では、日本が自衛権を行使できる範囲は日本防衛の場合に限定されていた。この要件を拡大し、日本と密接な関係にある他国への武力攻撃が日本の存立を脅かす事態(存立危機事態)であれば、日本は武力行使できるとした。日本が攻撃を受けていないにもかかわらず、他国を守るために海外で戦争するのだから集団的自衛権の行使そのものである。

翌二日、新聞各紙の一面トップには次のような見出しが並んだ。

「9条崩す解釈改憲　集団的自衛権、閣議決定　海外で武力行使容認」(『朝日新聞』)
「集団的自衛権　閣議決定　9条解釈を変更、戦後安保の大転換」(『毎日新聞』)
「集団的自衛権　安倍内閣が決定　秘密保護法下で武力行使　根拠示さず決定も」(『東京新聞』)
「集団的自衛権　限定容認　安保政策を転換　憲法解釈　新見解　閣議決定」(『読売新聞』)
「集団的自衛権閣議決定　「積極的平和」へ大転換　解釈変更、行使容認」(『産経新聞』)

見出しからは、『朝日』『東京』が批判的に受けとめ、『産経』が賛成し、『毎日』『読売』が賛否を示していないと読める。いずれの新聞も憲法解釈を変更したことを重大に受けとめていることが分かる。

この日の閣議決定には前段があった。安倍首相は自らの諮問機関「安全保障の法的基盤の再構築に関する懇談会(安保法制懇)」の報告を受け、閣議決定一カ月半前の五月十五日に記者会見した。

米軍の輸送艦に乗った日本人母子を自衛隊の護衛艦が守れない様子を描いた大型のパネルを前に「まさに紛争国から逃れようとしているお父さんやお母さんや、おじいさんやおばあさん、子供たちかもしれない。彼らが乗っている米国の船を今、私たちは守ることができない」と訴え、慣習法である国際法上は米国そのものとみなされる米軍艦艇を自衛隊が守る集団的自衛権行使の必要性を強調したのである。

安保法制懇のような私的諮問機関は、同じ有識者会議でも法令に基づく審議会と違って法的根拠はなく、首相の意に沿った人物を集め、思い通りの報告書を出させる「隠れ蓑」となりがちである。まさに安保法制懇がそうだった。

第一次安倍政権では十三人の有識者が招集された。このときは安倍氏の退陣後、憲法九条で禁じた集団的自衛権の行使を解禁すべきだとの報告書を出したものの、受け取ったのが憲法解釈の変更に慎重な

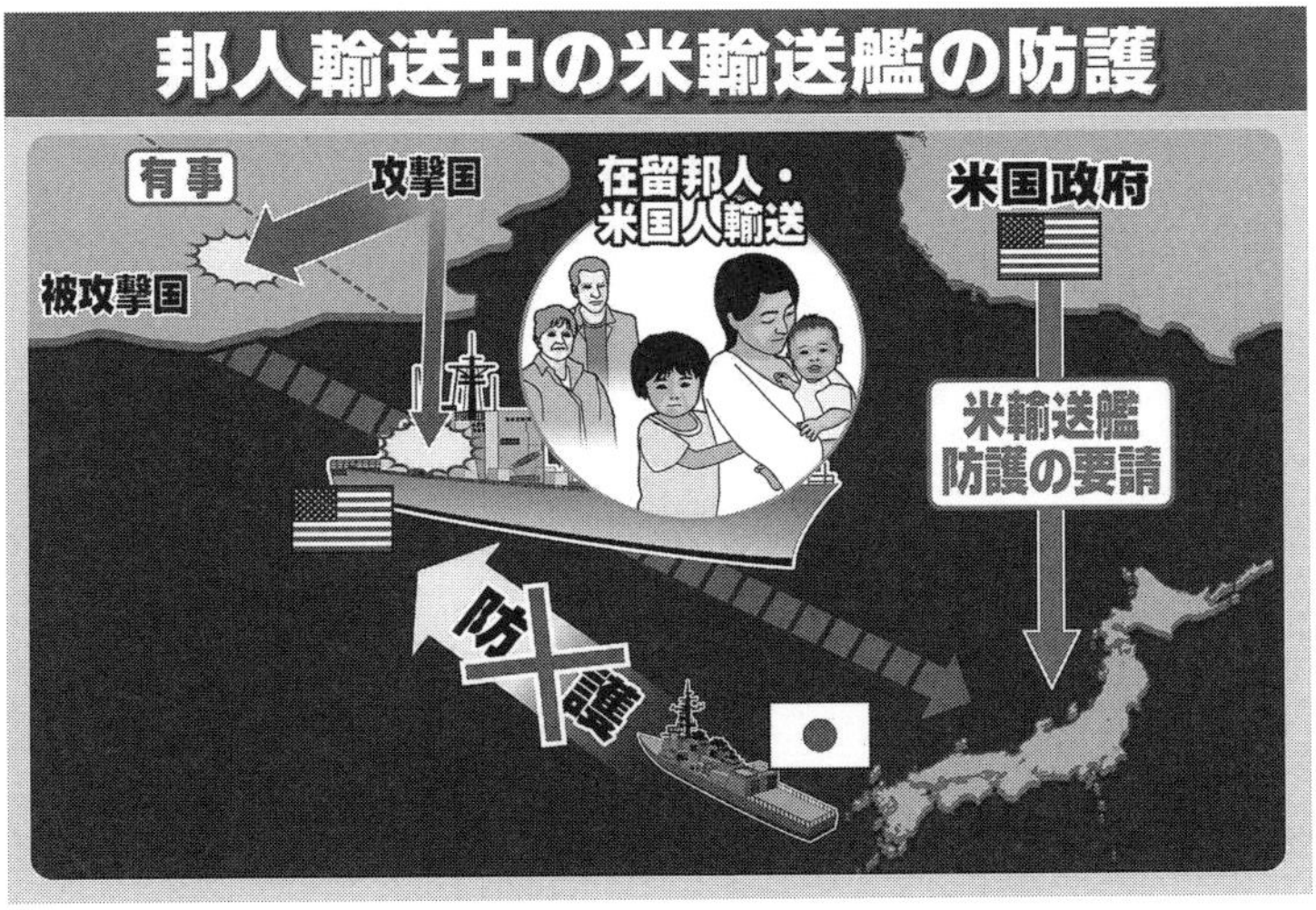

図 3-1　2014 年 5 月 15 日の記者会見で，安倍首相が示した集団的自衛権の行使容認についてのパネル（出典＝首相官邸ホームページ）

福田康夫首相だったため、報告書はそのまま棚上げされ、うやむやになった。第二次安倍政権下で招集したのは前回より一人多いが、残りは同じメンバーなので、新たな報告書の骨格が変わるはずがない。その報告書を受けて、「何をなすべきか、具体的に説明する」と述べて先のパネルで説明したのである。

米軍の邦人輸送という非現実的な設定

安倍首相が「机上の空論ではありません」と力を込めたパネルには、論理的に説明できない疑問点がいくつかある。日本人母子は朝鮮半島とみられる日本列島の左上に描かれた地域から逃げてくる想定となっている。

韓国には観光客を含め約六万人の日本人がいる。半島情勢が緊迫した時点で日本の外務省は「退避勧告」を出すので、小さな子供を連れた母親などは真っ先に韓国を脱出するはずである。それでも逃げ遅れたとする。護衛艦が韓国まで出向き、米輸送艦を守って日本に戻るのならば、なぜ母子は護衛艦に乗らないのだろうか。護衛艦で輸送するのは自衛隊法で定められた邦人輸送にすぎず、集団的自衛権行使とならないから無理やり母子を米輸送艦に載せる設定にしたのだと考えるほかない。

安倍支持層の間などで言われる「韓国は自衛隊を受け入れない」とのもっともらしいストーリーには根拠がない。日韓は軍事的に緊密な関係にあり、ともに隔年で行われる西太平洋潜水艦救難訓練に参加。初回の二〇〇〇年には海底六十七メートルに着底した韓国海軍の潜水艦「チョイムーサン」に海上自衛隊の潜水艦救難艦「ちよだ」から降ろされた深海救難艇がドッキングし、韓国軍乗員を救出する訓練を行った。日韓の幹部級、部隊間交流も進み、一六年には「日韓秘密軍事情報保護協定」を締結している。

辻元清美衆院議員は一四年十月三日の衆院予算委員会で「今までのアフガニスタン、イラクやベトナムやさまざまな戦争で、アメリカの輸送艦によって日本人が救助された、救出された案件はありますか」とただしたのに対し、岸田文雄外相は「政府としましては、お尋ねのような、過去の戦争時に米輸送艦によって邦人が輸送された事例、これはあったとは承知しておりません」と答えている。過去に一件もなかったにもかかわらず、米軍による日本人輸送が常態化しているかのようなパネルをつくり、首相自ら「彼らが乗っている米国の船を今、私たちは守ることができない」と訴えるのは詐欺的だと批判されても仕方ないだろう。

無理筋の母子パネルの息の根を止めたのは中谷元《なかたにげん》防衛相だった。中谷防衛相は「邦人が(米艦に)乗っているかどうかは(集団的自衛権行使条件の)絶対的なものではない」(二〇一五年八月二十六日参院特別委)と答弁し、結果的に安倍首相が示した想定を頭から否定してみせたのである。

根拠なき「存立危機事態」で安保法制をごり押し

それでも憲法解釈の変更を法案に落とし込んだ安全保障関連法案は二〇一五年の通常国会で審議され、なぜか姿を消した母子パネルに替わり、安倍首相は「ホルムズ海峡の機雷除去」を具体例として示し続けた。

核開発を続けるイランが国連の経済制裁に反発してホルムズ海峡を機雷で封鎖すれば、石油の八割が日本に入ってこなくなり、「北海道で凍死者が続出するような事態」（高村正彦自民党副総裁）となって存立危機事態となるから機雷掃海のための集団的自衛権行使が必要になるとの論法である。

本当だろうか。経済産業省資源エネルギー庁が製作したパンフレット「日本のエネルギー２０１４」によると、一三年度の日本の電源を構成するエネルギー源はトップが液化天然ガス（ＬＮＧ）で四三・二％、次に石炭で三〇・三％、そして三番目に石油・ＬＰＧが出てきて一三・七％となっている。ＬＮＧの輸入量が多い国は順にオーストラリア、カタール、マレーシア、ロシアとなっており、カタールを除けばホルムズ海峡封鎖による影響はない。石炭はオーストラリアが圧倒的で海峡封鎖の影響はまったく受けない。エネルギー源の一三・七％に過ぎない石油・ＬＰＧの八割がストップしても、エネルギー全体の一割の窮乏でしかなく、日本の存立が脅かされる事態になるとは到底、考えられない。

また日本は一九七五年に制定された石油備蓄法により、一五年七月現在、国家備蓄で百十八日分、民間備蓄八十六日分、産油国共同備蓄二日分の合計二百六日分の石油が国内に備蓄されている。民間備蓄は湾岸戦争などで五回、取り崩したが、国家備蓄は放出例がない。政府はどの時点で存立危機事態を認定するのだろうか。機雷がまかれた時点、石油備蓄量が不安になった時点、石油が高騰して経済に影響が出た時点だろうか。

アラブ首長国連邦には日本の資金で敷いたパイプラインがアラビア海に延びており、ホルムズ海峡を通らなくても石油の積出しができる。サウジアラビアも紅海側にある港湾を使えばよいだけの話ではないだろうか。

それでも安倍政権は「ホルムズ海峡の機雷除去」一本槍で押し通した。すると仰天の出来事が起きた。参院の議論も最終盤の一五年九月十四日、参院特別委で質問に立った与党・公明党代表の山口那津男参院議員は「現実に、総理、自衛権を使ってこのペルシャ湾で掃海をするということは、今のイラン、中東情勢の分析からすれば、これ想定できるんでしょうか」と繰り返されてきた議論を持ち出した。驚くべきことに安倍首相は「今現在の国際情勢に照らせば、現実の問題として発生することを具体的に想定しているものではありません」と答弁したのである。ホルムズ海峡の封鎖は想定できないと言い放ち、国会論議を土壇場で首相自らひっくり返したのである。

政府・与党が「ホルムズ海峡の機雷除去」を事実上、撤回した理由ははっきりしている。国会で議論が続いている最中の一五年七月、イランは主要六カ国との間で核査察を認めることで合意し、経済制裁が解かれて一六年一月から貿易の全面解禁が決まっていた。イランは人口八千万人、天然ガスの埋蔵量で世界第一位、石油の埋蔵量で世界第三位(現在は第四位)である。豊かな市場が開放される前夜というのにイランを敵視した議論を続けていては、バスに乗り遅れてしまう、そう考えたのは間違いない。

現に七月二十三日、ナザルアハリ駐日イラン大使は日本記者クラブの会見で「なぜイランがホルムズ海峡封鎖をたくらんでいると言われなければいけないのか」「日本は友好国ではないのか」と日本政府に怒りをぶつけ、イランとの関係が怪しくなり始めていた。

「国会も最終盤だ。この辺りで軌道修正しておこう」と自民、公明両党首による出来レースのようなやり取りが展開されたのではないだろうか。安保法制が成立した直後の同年十月、岸田外相はイランに渡り、ロウハニ大統領を表敬、一六年二月には日・イラン投資協定を締結し、事なきを得ている。

結局、通常国会を通じて示された「ホルムズ海峡の機雷除去」は霧消し、最後に残ったのは「総合的に判断する」という政府答弁のみである。なんのことはない、どのような事態が存立危機事態に該当するのか、その判断基準は「時の政府のさじ加減」というのだ。法律をつくる必要性、すなわち立法事実がないにもかかわらず、「集団的自衛権行使を解禁したいから安保法制を制定する」という安倍首相の願望によって安保法制は制定されたと考えるほかない。

「憲法に書き込んでも自衛隊の任務、役割は変わらない」「仮に国民投票で否決されても自衛隊の合憲性は変わらない」と主張して、憲法に自衛隊を書き込む憲法改正のための国民投票に持ち込もうとする手法は、安保法制の制定と同じ手口である。現実的な必要性はどうあれ、「やりたいからやる」としか聞こえない。「政治のリーダーシップ」の意味をはき違えている。

ひそかに解禁されていた「駆け付け警護」

改正ＰＫＯ法で定められた「駆け付け警護」は、集団的自衛権行使を一部解禁した二〇一四年七月の閣議決定の中で解禁され、安保法制で合法化されたものである。過去、ＰＫＯで「駆け付け警護」を禁じてきたのは、自衛隊がＰＫＯ要員やＮＧＯ要員を救出するため、駆け付け撃ち合う相手の武装集団が「国家または国家に準ずる組織」だった場合、憲法九条一項で禁止した「国際紛争を解決するための武力行使」となり、憲法に違反するためだった。

ところが、閣議決定は「受入れ同意をしている紛争当事者以外の「国家に準ずる組織」が敵対するものとして登場することは基本的にないと考えられる。このことは、過去二十年以上にわたる我が国の国際連合平和維持活動等の経験からも裏付けられる」と断定し、「駆け付け警護」を解禁した。自衛隊の前には「国家に準ずる組織」は現れないというのだ。これは、もはや法理ではない。経験則で解釈変更ができるのだとすれば、この時点で憲法は融解したに等しい。

現実をみてみよう。カンボジアＰＫＯの際には旧カンボジア政府のポル・ポト派が、またＰＫＯではないが、イラク特措法によるイラク派遣の際にはフセイン政権の残党が「国家に準ずる組織」として現れる可能性があった。自衛隊は慎重な武器使用を求められたが、閣議決定により今後は現れないこととなり、自衛隊は思う存分、撃ち合えることになった。

複数の陸上自衛隊幹部は「駆け付け警護」には賛意を示した。過去のＰＫＯで、ひそかに「駆け付け警護」に踏み切った事実があるからだという。

カンボジアＰＫＯの例をみてみよう。一九九三年にあったカンボジア総選挙前、ポル・ポト派による日本人文民警察官とボランティアの殺害事件が発生した。現地入りしていた日本人四十一人の選挙監視員をどう守るか国会で議論になり、ＰＫＯに参加している「自衛隊に守らせるべきだ」との声が高まっ

図 3-2　2014 年 5 月 15 日の記者会見で，安倍首相が示した「駆け付け警護」についてのパネル(出典＝首相官邸ホームページ)

た。

施設復旧が任務の自衛隊は邦人を警護できない。ポル・ポト派と撃ち合えば、憲法違反となるおそれがある。そこで陸幕は、選挙監視員が襲撃された場合、隊員がその襲撃の中に飛び込み、当事者となることで正当防衛・緊急避難を理由に選挙監視員を守るという理屈を生み出し、現地部隊に伝えた。「人間の盾」になれというのだ。

命令は文書ではなく、口頭で伝えられた。後々問題になりそうな案件は、証拠を残さないものだ。これを了承した部隊は補修した道路や橋の「視察」を名目に、実弾入りの小銃を持って投票所を偵察する「情報収集チーム」(四十八人)と、襲われた選挙監視員を治療する「医療支援チーム」(三十四人)を編制した。医療支援はもちろん偽りの看板である。チームは戦闘能力の高いレンジャー隊員で編成されたが、総選挙は何事もなく終わり、帰国した施設大隊は防衛庁長官から最高賞の一級賞詞を与えられ、カンボジアＰＫＯの現実は闇に葬られた。

一九九四年のルワンダ難民救援では、隣国ザイールに派遣された陸上自衛隊が「輸送」の名目でトラックを強奪された日本人医師を難民キャンプから救出した。二〇〇二年、東ティモールＰＫＯに派遣された陸上自衛隊は暴動を逃れようとした現地日本人会から救援要請を受けた。現場の判断で国連事務所の職員や料理店のスタッフら日本人十七人に加え、七カ国二十四人の外国人をやはり「輸送」の名目で救出した。

実際には任務にない「駆け付け警護」だったにもかかわらず、憲法違反との批判を避けるため、苦し紛れに「視察」や「輸送」と説明する。ＰＫＯにおける自衛隊の役割とは何か、人道面で役割拡大の必要があるのか、原点に帰って議論すべき場面は何度もあった。しかし、ＰＫＯ法をめぐり、成立に強く反対した野党は同法成立後、急速に関心を失い、「自衛隊にお任せ」となり、なし崩しのうちに任務が拡大していったのである。

その結果、自衛隊に関心を示す一部議員の主張ばかりが目立つことになる。

イラク派遣の第一次復興業務支援隊長だった自民党の佐藤正久参院議員(元一等陸佐)は〇七年八月、テレビ番組で、陸上自衛隊と同じサマワ駐留のオランダ軍が攻撃された場合、「情報収集の名目で現場に駆け付け、あえて巻き込まれることを考えていた」と述べ、「駆け付け警護」に踏み切る考えだったと明言した。オランダ軍は自衛隊を守ってくれるのだから、お互い様だというのだ。

この主張は明らかに筋違いである。オランダ軍の任務はサマワを含むイラク南部のムサンナ県全体の治安維持にあり、自衛隊を守ることも任務に含まれる。一方、自衛隊の任務は人道復興支援であり、オランダ軍を守ることは任務に含まれていない。陸上自衛隊の幹部は「一般論」として「どの国の軍隊も与えられた任務以外の行動はとらない。逸脱して任務遂行に支障が出れば、元も子もないからだ」という。武装した軍隊を襲撃するのは、本格的な武装集団であり、「国家に準ずる組織」である可能性がある。憲法上の制約を無視していいはずがない。

しかし、「救出を求める日本人を見捨てるのか」「同僚でもある他国軍を見捨てるのか」との思いがPKOを含む海外活動を通じて、陸上自衛隊の内部で醸成されてきたのは紛れもない事実である。その忸怩たる思いが、自衛隊に「軍隊」並みの活動をさせたい安倍首相と共振して「駆け付け警護」は解禁されたといえる。

ほかに自衛隊が求めたのは「米艦艇の防護」とされている。求めたのは海上自衛隊である。

安保法案が閣議決定されたのを受けて、元海上幕僚長だった古庄幸一氏は「何かが起こった時、米軍などと一緒に行動できる。これが任務であることの誇りは、現場の人間でないと分からないだろう。隊員は「これで世界中が一人前と見てくれる」と考える。従来との大きな違いだ。現場を預かった立場からは、やっとここまで来た、というのが正直なところだ」(『朝日新聞』二〇一四年五月十五日付)と述べている。

海上自衛隊は日本有事の際、来援する米空母打撃群を護衛する役割がある。ハワイ沖で二年に一度実施される環太平洋合同演習(ＲＩＭＰＡＣ)でも海上自衛隊の護衛艦、潜水艦は米空母を護衛する役割を演じる。「日米一体化」を基盤としているので日本有事以外の場面でも米艦艇を防護することに抵抗がないのだろう。しかし、日本有事以外で米艦艇を防護するために自衛隊が他国軍と撃ち合えば、集団的自衛権の行使にあたり、憲法上許されないとされてきた。

国民から隠される自衛隊の活動

集団的自衛権の行使や「駆け付け警護」「米艦艇の防護」のほか、拡大された他国軍への後方支援など盛りだくさんの自衛隊活動は一本の新法案、十本の既存法の改正案に分散して書き込まれ、安全保障関連法案として一括して国会に上程された。上程から衆院の強行採決、参院の強行採決による成立までわずか四カ月。審議時間が短すぎて十分な議論が行われることなく、安保法制は成立し、一六年三月、施行された。

見逃せないのは拙速な国会審議こそが、安倍首相の狙いだったとみられることである。権力に縛りをかける憲法を融解させ、思い通りの政権運営をするには反論を封じ込めればいいからだ。安倍首相自ら「国民の理解は深まっていない」と認めているが、安保法制成立後、各種世論調査で安倍内閣の支持率が急落したのをみると「国民の理解は深まっている」のだろう。

安保法制の施行から二年以上が経過し、どのように自衛隊の活動が変化したのだろうか。日本周辺で行われた活動で明確に判明しているのは、①一七年五月、護衛艦「いずも」が日本海で北朝鮮の弾道ミサイル監視を続ける米イージス艦の洋上補給に向かった米補給艦を房総半島から四国沖まで自衛隊法の「武器等防護」の規定にもとづいた防護、の一件に過ぎない。報道各社が警護する「いずも」を撮影し、報道している。ほかに②一七年六月ごろ、海上自衛隊の補給艦が米イージス艦に洋上補給、③一七年、米軍機を自衛隊機が「武器等防護」により防護、もあったとされるが、「あったのではないか」といった推測にとどまっている。

①②はいずれも新聞で報道されているが、③の「米航空機の防護」は安倍首相が一八年一月二十二日、通常国会冒頭の施政方針演説の中で「北朝鮮情勢が緊迫する中、自衛隊は初めて米艦艇と航空機の防護の任務に当たりました」と述べたことにより、初めて明らかになった。

国家安全保障会議（ＮＳＣ）が定めた「自衛隊法第九五条の2（武器等防護）の運用に関する指針」によると、前年に実施した他国軍の防護はＮＳＣに報告される。公表はさらにその後となるため、国民が知ることができるのは一年以上も前に実施した活動のみとなりかねない。

二〇一七年にあった米艦防護と米航空機防護は、翌一八年二月五日に開催されたＮＳＣで報告される予定だったが、この日、佐賀県で陸上自衛隊のＡＨ64攻撃ヘリコプターが民家に墜落する事故があり、書面での報告に切り換えられた。同日、防衛省は米艦防護と米航空機防護を「それぞれ一件」とのみ発表。これでは、いつ、どこで、どのような防護が行われたのか分からない。だが、防衛省は「どんな状況で警護が必要になるかが明らかになり、安全保障上支障がある」として公表しなかった。

ＮＳＣの常任メンバーは首相、官房長官、外相、防衛相の四人である。「武器等防護」の「指針」を自分たちでつくり、メンバーの一人の防衛相から自分たちに報告させるのだから、自作自演である。都合のよい「指針」で情報を囲い込み、国民には明かさない。もっとも集団的自衛権行使に自衛隊が踏み切った場合でさえ、事後の国会承認でもよしとしているのが安保法制である。有事ではなく平時に行われる米軍防護は、なおさら公表する必要性はないと考えているのだろう。

情報の出し渋りは、一三年十二月に成立した特定秘密保護法の影響と考えられる。

特定秘密保護法は、防衛、外交、スパイ防止、テロ活動防止の四分野で、安全保障に支障を来す恐れのある情報を「特定秘密」に指定する法律。特定秘密に指定された情報は公開されず、その秘密を漏らした公務員や民間業者らには最長で懲役十年の罰則が適用される。

法整備のきっかけはＮＳＣの発足である。安全保障に関する情報を集約する以上、秘密保護のための法整備が必要だというのが政府の理屈である。

「米軍防護」の情報は非公開であることが、この時の議論ではっきりした。しかし、米国が関心を示すのは核・ミサイル開発を進めてきた北朝鮮や海軍力を強化する中国といった東アジアの国々だけではない。テロの危険を常に抱える中東やアフリカにも深く関与している。すると「米軍防護」は日本周辺を飛び越え、中東やアフリカまで拡大して実施される可能性がある。だが、国民に知らされることはおそらくない。誰のための自衛隊なのか、なんのための活動なのか、疑問は増すばかりである。

安保法制施行後、海外で任務として命じられたのが南スーダンＰＫＯにおける「駆け付け警護」と「宿営地の共同防護」だった。次章では「駆け付け警護」がどのような場面で命じられたのか。牧歌的で穏やかだった南スーダンがなぜ、内戦状態に陥ったのか、自衛隊はどう対処したのか、報告する。

それにしても安保法案をめぐる国会論議は集団的自衛権行使の問題に集中したが、命じられたのは陸上自衛隊が求めた「駆け付け警護」であり、海上自衛隊が求めた「米艦艇の防護」だった。どちらも議論が不足した分野である。

第4章

安保法制で危機にさらされる自衛隊

「戦地」となった南スーダン

2015年7月にジュバで発生した戦闘で反政府勢力が立てこもり，銃撃戦があったビルから見た陸上自衛隊の宿営地（2016年11月，南スーダン・ジュバ，提供＝共同通信社）

1　大統領派vs.前副大統領派で内戦へ——変更されたマンデート

紛争の芽を抱えていた南スーダン

南スーダンはスーダンから独立する前から対立の芽を抱えていた。五十とも百ともいわれる部族に細分化され、部族間の対立が絶えなかったからである。最大のディンカ族と二番目に大きいヌエル族による争いは、スーダンからの独立という共通した目標のもとで一時的に鎮静化していたにすぎない。両部族を含む南部の部族はスーダン人民解放運動／戦線（SPLM／A）を組織し、ともに北部と戦った。その期間にも問題は起きた。

一九九一年、部族間の対立からヌエル族がSPLM／Aを脱退し、南スーダンの首都となるジュバの北部にあるボルでディンカ族二千人を殺害する事件を起こし、ディンカ族との抗争に発展した。その後、ヌエル族はSPLM／Aに復帰するが、常にディンカ族からの攻撃を恐れるようになったとされる。

二〇一一年七月九日の独立後、最初に起きたのは、牛泥棒をきっかけとする大量殺戮事件だった。一一年十二月、ヌエル族の武装集団六千人が、牛を強奪されたとの理由から、以前から敵対していたムルレ族が住むピボルを襲撃し、両部族の大規模衝突に発展した。民家が放火され、病院は強奪。UNMISSの調査によると、女性と子供を中心に三千人以上が殺害され、牛数万頭が略奪された。

筆者が一二年七月、取材のため南スーダンを訪れ、UNMISSの記者会見に出た際、地元で取材するメディアの関心は牛泥棒事件の「その後」にあった。事件は日本で報道されておらず、この日の会見で初めて知ることとなった。家畜をめぐって部族同士が殺し合うアフリカの現実に驚き、この国が近代国家に脱皮する日が来るのだろうかと考えさせられた。

南スーダンは結局、部族間対立を解消できないまま、独立し、内戦に突入することになる。

二〇一三年七月、キール大統領(ディンカ族)による全閣僚解任を契機にキール大統領とマシャル前副大統領(解任により前職、ヌエル族)の対立は激しさを増し、同年十二月十五日、大統領警護隊内のディンカ族とヌエル族との間で銃撃戦が起こり、ジュバ市内の衝突に発展する。十八日までにジュバの混乱は終息したものの、南スーダンの北部や東部に飛び火した。

自衛隊内部文書が伝える南スーダンの内戦

筆者の手元に「南スーダン派遣施設隊第5次要員に係る教訓要報」という表紙の陸上自衛隊の内部文書がある。研究機関である陸上自衛隊研究本部が作成し、南スーダンの状況や自衛隊の活動をまとめ、次の派遣に備える全国の部隊に配布した。

文書はある人物から入手したが、日本共産党の笠井亮衆院議員が同じ文書を一六年三月十六日の衆院外務委員会で取り上げ、若宮健嗣防衛副大臣が「PKO活動時の業務内容や教育事項につきましてまとめられたもの」と述べ、本物と認めた。表紙の右肩にある「注意」の文字は×で消されているが、黒塗りもあり、すべてを読めるわけではない。

七ページ目に「活動の概要」のタイトルがあり、第五次隊が派遣されていた一三年十二月から翌一四年六月までの「南スーダンの状況」「UNMISSの状況」と第五次隊の活動概要が記されている。

「南スーダンの状況」のうち、「衝突の発生（平成二十五年十二月十五日〜十二月十八日）」に続く、「地方への拡大（平成二十五年十二月十八日〜）」には戦闘が地方へ拡大した様子が簡潔にまとめられている。そのまま紹介する（引用文中、〔 〕は引用者注）。

「ジュバにおける戦闘は短期間で収束したが、衝突はその後、地方へ拡大した。主な衝突場所は、ジュバの北二百キロに所在するボル、南スーダン北部に位置するベンティウ、マラカルの三つの都市であり、これらの都市は三つの州の、それぞれ州都になっている。これらの都市付近に駐屯するSPLA〔政府軍〕の部隊は次々に政府からの離反を表明し、マシャル前副大統領は、離反した部隊が自分の統制下にあると表明した。

ヌエル族のマシャル氏が率いるSPLA／iO〔反政府勢力〕は、平成二十五年十二月二十日にボル、二十一日ベンティウ、翌年一月十四日マラカルをそれぞれ奪取した。このうち、ボルについては、一時SPLAが奪回したが、数千人規模の武装したヌエル族の若者が戦闘に加入した結果、一月一日にSPLA／iOがボルを再奪取した。

これに対し、政府側は単独では対処できず、国外の支援を得ることにより次第に優位な状況に立っていった。一月六日、ジュバを訪問したスーダンのバシール大統領は「マシャル氏を支援しない」と表明した。また、ウガンダ軍は、衝突拡大当初からその介入が噂されてきたが、一月十五日、ウガンダ大統領が「大量虐殺の防止」を理由に軍事介入を公式に認めた。SPLAは一月十日ベンティウ、十八日ボル、二十一日マラカルをそれぞれ奪取した」

政府軍から離反した反政府勢力がそれぞれ州都であるボル、ベンティウ、マラカルを占領し、政府軍はウガンダ軍の介入により、いずれも奪回したことを伝えている。マシャル氏率いる反政府勢力すなわちヌエル族が一カ月近く占領した州都もあり、クーデターに近い。政府軍が三州都を奪取した後の一月二十三日、キール大統領とマシャル前副大統領との間で停戦に合意している。

治安悪化とＰＫＯの役割変更を無視する日本

この「活動の概要」は内戦に伴って起きた問題を四件報告している。以下に大筋を紹介するが、四件のうち三件は停戦合意後に発生している。

一　ＩＤＰ〔避難民〕への襲撃

二〇一三年十二月十九日、ジョングレイ州のアコボのＵＮＭＩＳＳ施設に避難してきたディンカ族三十二人を追ってヌエル族の若者二千人が施設を襲撃。ディンカ族十一人が死亡、インド大隊の兵士二人が流れ弾に当たり死亡。

二　ＵＮＭＩＳＳ活動に対するハラスメント〔反ＵＮ〔国連〕デモを含む〕

①二〇一四年三月六日、ベンティウに増援されるガーナ大隊の武器輸送車両がジュバから移動中、政府軍の検問所での車両検索の際、武器・弾薬を輸送して反政府勢力を支援しているとして輸送車両が押収。

②南スーダン政府は、市民の不満の矛先をＵＮに逸らすため、暴徒鎮圧用のガスマスクの予備缶を並べて撮った写真を使って「ＵＮが地雷を輸入」と報道した。

③上記報道により、国内各地で市民による反UNデモや治安機関によるUNへの活動妨害などのハラスメントが急激に増加。また政府軍兵士が軍を含むUN職員や外交官に対し、武器を向ける事案まで起きた。

④自衛隊に関しては、三月五日にジュバ橋で、同月二十二日に共同宿営地のトンピン地区西ゲートのそれぞれ検問所で制止を受けたが特段の敵対行為はなかった。

⑤UNや外交官へのハラスメントは、政府軍の経験豊富な兵士が戦闘地域に派遣され、ジュバに残ったのが十五、六歳を含む若い兵士が大半のため、規律が足りず、十分な指揮統制が取れていないことが一因。

三　ボル宿営地射撃事件

二〇一三年四月十七日、ジョングレイ州ボル市内に集まった青年団組織のデモ隊がUNのボル宿営地に向かい、保護された国内難民に銃撃。インド隊の緊急即応部隊が撃退したものの、避難民六十人を含む多数が死傷、インド兵二人が軽傷。

四　バージ船(平底の荷船)射撃事案

二〇一三年四月二十四日、UNMISSのバージ船がジュバからマラカル宿営地へ燃料・食糧を輸送する途中、政府軍らしい者から携帯ロケット弾の攻撃を受け、五人が負傷。政府軍は現地部隊指揮官の独断で実施されたとして参謀本部の関与を否定。

以上である。

避難民が襲撃されたケースを含め、ＵＮＭＩＳＳや国連が攻撃対象となっているところに特徴がある。驚くべきことに二の②をみると、南スーダン政府が国内の不満を逸らす目的で国連の犯罪行為をでっち上げ、国民の敵意が国連に向くよう仕向けている。南スーダンのために働く、国連やＰＫＯ部隊を悪者に仕立て上げる悪質さにはあきれるほかない。

とはいえ、古今東西あまたの為政者が国民の関心を外部に向けさせることにより、内政問題を「国家の危機」にすり替え、政権への求心力を高めてきた手法を世界で一番若い国まで取っているのは興味深い。ただ、このままＵＮＭＩＳＳや国連が「国家の敵」になった場合、失敗したソマリアＰＫＯの二の舞になりかねない。

事態を重く見た国連はジュバで戦闘が起きてから九日後の一三年十二月二十四日、事態の早期収拾を目的に兵士五千五百人、警察官四百四十人を増強する国連安保理決議２１３２を採択。南スーダン周辺の他国で展開するＰＫＯから要員を転用し、追加派遣した。

一方、ＵＮＭＩＳＳは国連安保理から委任された役割（マンデート）を転換する。それまでの「国づくり」から「文民の保護」に切り換えたのである。具体的には、差し迫る脅威からの文民保護、要請による人道支援の実施、国連職員の安全の確保および普遍性を持続して任務にあたることをマンデートに明記した。マンデートの更新は一四年五月二十七日に行われ、この日をもって南スーダンＰＫＯは、その性質を大きく変えたのである。

第３章第１節で記したように、南スーダンＰＫＯは他国との戦争や国内の紛争を解決するために設置されたＰＫＯではない。独立後の自立を支援する「国づくり」を目的にしていた。しかし、大統領派と前副大統領派による武力衝突をきっかけに「文民の保護」を最優先することになれば、文民を守るための武器使用は当然、予想される。自衛隊が派遣しているのは施設部隊であり、治安維持を担う歩兵部隊ではない。

治安の悪化、そして国連のマンデート変更は、南スーダンＰＫＯへの自衛隊派遣を続けるか否かを判断する重大な判断材料だったにもかかわらず、日本政府は何事もなかったかのように派遣を継続させた。

2　ＵＮＭＩＳＳから求められた「火網の連携」

第五次派遣隊隊長の証言

ジュバで戦闘が発生した際、自衛隊はヘルメットと防弾チョッキを着用し、実弾を隊員に配布したことが明らかになっている。

施設部隊はどんな様子だったのか。第五次隊長で帰国後、陸上自衛隊研究本部第二研究課水陸両用作戦研究室長に就任していた井川賢一一佐にインタビューした。

「近くで撃ち合いが始まったのは南スーダン入りして三週間後。第四次隊から(二〇一三年)十二月十六日午前零時きっかりに指揮移転されてから一時間ほど過ぎたころだった。(ただし「教訓要報」では、ジュバ市内の「衝突の発生」は十二月十五日と記載)ずっと撃っている状況でもなく、時々止んだり、またいつの間にか撃ち始まるとか、そんな感じで続いていた。使われていたのは小銃や拳銃などの小火器だと思う」

第四次隊と交代した、まさにその日から近くで戦闘が始まったというのだ。井川一佐は戦車やヘリコプターを動員しての派手な撃ち合いではなかったと証言するが、どこで撃ち合いが行われていたのだろうか。

「そこは分かりにくい。音から言うと、比較的近いところで銃声が鳴っている時もあれば、遠くで鳴っていることもあった。ジュバの宿営地の近くに南スーダン軍の駐屯地があった。政府軍のビルファム駐屯地だ。その時は分からなかったが、後々の情報を聞くと、どうやらビルファム駐屯地が（反政府勢力から）狙われたらしい」

ビルファム駐屯地は宿営地から国際空港の滑走路を挟んで五キロメートルほど北にある。戦闘では敵がまとまっている拠点を攻撃するのが軍事常識。まさにその通りの戦いだったようだ。撃ち合いの夜が明けた。本来なら、第五次隊は朝から活動を開始する予定だった。

「まず状況が分からないので、情報の入手に努めた。ＵＮＭＩＳＳ司令部とか大使館に隊員を派遣、電話をかけてＵＮＭＩＳＳにいる幕僚からも情報収集した」

「もともと第五次要員はジュバだけでなく、東エクアトリア州のトリトに分遣する予定だった。分遣する部隊を出すのが十六日朝の予定で、出陣式をやるはずだった。エイエイオーとやるつもりだったが、そういう状況ではなくなったので、様子を確認してからにしようということで、上級部隊の（日本での海外派遣司令部にあたる）中央即応集団に断り、「少し様子を見させてくれ」と言った覚えはある」

結局、分遣班が東エクアトリア州へ派遣されることはなかった。道路を補修して住民の利便性を図り、流通を促進させる狙いは内戦によって宙に浮く。第五次隊は宿営地で別の作業を開始する。

「本隊も十六日朝から着手する予定だったが、銃撃戦が始まり、状況が不透明だったので「ちょっと待て」となった。大臣（小野寺五典防衛相）からの指示もあった。「宿営地内で活動しなさい」と。その日の夕方にはＵＮＭＩＳＳの司令官から避難民のトイレを作ってくれと言われた。十六日夕からトイレ構築のための施設活動を中でやっていた」

「避難民が流れ込んできたのは昼過ぎ。千人単位だと思う。日本隊のすぐ近くのウエストゲートに人が集まってきて、国連としてもこのまま閉め続けるのは耐えられないということでゲートを開放した」

「この時点でＵＮＭＩＳＳのマンデートはまだ変わっていない。緊急事態なので人道的措置（での避難民支援）だったと思う。トイレ以外にテントも作った。あとは給水だ。避難民は喉が渇いていたから。そういう意味では活動はその日から始まったとも言える」

道路補修などの施設復旧に派遣されたはずの施設部隊の仕事が、トイレやテントの設営、給水などの避難民支援に変わった。小野寺防衛相は「宿営地内で活動しなさい」と指示を出している。情報は複数のルートで防衛省に集まる。防衛相は当然、現地の状況を一番よく知っていたはずである。第五次隊がＵＮＭＩＳＳから武器使用を求められていたことも含めてである。

国連から武器使用を求められる

武器使用について、「教訓要報」の十一ページにはこうある。

「一三年十二月二十三日朝、ＵＮＭＩＳＳのＤＳＳ（治安安全部門顧問）からＵＮトンピン地区の警備施設強化命令がメールにて伝達され、トンピン地区の東西にフェンス付近のゲートや新たな望楼の設置、監視網、火網の連携、清掃などの実施事項が示され、火網の連携を除く事項を実施した」
耳慣れない「火網の連携」という言葉。「火網」とは「火砲が縦横に発射され、その弾道が網を張ったような戦場の状態」(『大辞林』第三版)のことで、この火網を連携するのだから自衛隊は同じ宿営地にいる他国軍とともに小銃や拳銃を撃ちまくることを意味する。だが、実施しなかったというのだ。

その理由について「教訓要報」は次のように書いている。

「「火網の連携」はＵＮトンピン地区への武装勢力の侵入阻止を狙いとしており、その実効性を高める上で隣接部隊間の相互支援は不可欠である。しかし、わが国の従来の憲法解釈において違憲とされる武力行使にあたるとされていたため、他国軍との間の「火網の連携」は実現困難と見られていたものの、今後の法整備の状況によっては連携の調整もありうる」

自衛隊と他国軍が相互に守り合うために武器を使い、自衛隊が撃った相手が「国家または国家に準ずる組織」だった場合、憲法で禁じた武力行使にあたるおそれがある。第五次隊は憲法違反となる事態を懸念してＵＮＭＩＳＳの命令を断ったと取れる。

ここから読み取れる事実は、治安が悪化した場合、国連は日本国憲法上の制約など日本側の事情を無視して武器使用を求めてくるということである。裏を返せば、各国軍が協力して武器を使うべきだと国連が判断するほどに治安は悪化したともいえる。

ＰＫＯ参加五原則は「停戦の合意」など条件を満たさないときには「撤収＝派遣の終了」を定めている。井川一佐は宿営地近くで撃ち合いがあったその日に小野寺防衛相とテレビ会議で話し、判断を求めた。

「施設隊としてとりあえず持っているのはこういう情報です。直接的な被害はありませんと伝えた。大臣から「しっかり部隊の安全確保に万全を期してください」と言われた。判断するのは政府や防衛省だと思いました」

現地の実態を無視した、「派遣継続」ありきの判断

井川一佐の話を聞く限り、小野寺防衛相は注意喚起をしているものの、中断や撤収の判断を示していない。だが、現場は撤収を考えなかったわけではなかった。

「教訓要報」の「(No.9)運用(不測事態対処、緊急撤収計画の作成)」の「教訓」には、こうある。

「緊急撤収を円滑に進めるためには、準備の段階から、UNMISS司令部はもとより、陸幕、在南スーダン大使館、在ウガンダ大使館等の日本政府機関、支援・協力関係にある他国UN部隊やNGOとの間で連絡・調整を実施する必要が生じるため、平素から防衛交流等を通じて幅広い人脈を構築しておくことが重要である」

そして「提言事項」として、以下の二点を挙げている。

1　現地の情勢・状況にあわせて当該計画を逐次具体化して実行の可能性のあるものにしておくことが必要である。

2　緊急撤収計画の細部具体化、特に陸路離脱を計画するにあたり、道路の素質、安全な休憩場所等を把握するための経路偵察は不可欠である。

過去のＰＫＯで自衛隊が緊急撤収を検討するほどの戦闘は起きなかった。だが、南スーダンＰＫＯは違う。第五次隊の「教訓要報」には部隊の切羽詰まった様子が記されている。

３　緊急撤収計画により、緊急撤収の準備から実施に至る手順[redacted]（黒塗り、以下同）による離脱要求が具体化されるとともに[redacted]に関する事項が追記された。

４　派遣施設隊は、[redacted]での経路偵察の実施、梯隊区分の明示、兵站物資の貯蓄等により宿営地からの離脱に必要な最低限の準備を実施した。

緊急撤収計画が存在するのは驚くには当たらない。最悪の事態を想定して備えるのが自衛隊だからである。しかし、「宿営地からの離脱に必要な最低限の準備を実施した」とあるように撤収準備を整えていたことが分かる。

どんな準備をしていたのだろうか。井川一佐はこう話す。

「いろんな想定しうる状況が明らかになったと言うか、頭のトレーニングの範疇だが。ある状況が起こったら、どのように部隊を退こうかとか、考えておかないと、いざというときに国から退けと言われても退けないので、そこはある程度は具体化した。細部はあれだが……」

撤収命令があれば、いつでも撤収できるようシミュレーションしていたというのだ。それでは、実際の撤収には踏み込まなかったのだろうか。井川一佐はこう言い切った。

「なかった。ゴーサインはもちろん東京からあるべきだが、一切なかったので」

ギリギリの環境下で撤収を覚悟する隊員たち。それでも政治の命令がなければ、勝手に判断することは決してないのだ。このころ防衛省で検討されていたのは撤収ではなく、派遣継続を前提にした「火網の連携」の実施にあった。どのような理屈を立てれば、憲法違反とならずに、他国軍と連携して武器使用できるのか。検討結果は安全保障関連法案に反映され、「宿営地の共同防護」と名前を変えて登場する。後に詳述する。

小野寺防衛相は第五次隊の帰国を前にした二〇一四年五月、防衛相として初めて南スーダンを訪問した。ただ、イタリア、ジブチを含む海外出張の一環であり、南スーダン訪問は「ついで」のようにみえる。

第五次隊は一四年六月に帰国し、兵庫県伊丹市の千僧駐屯地で帰国行事が行われた。井川一佐に「内閣総理大臣特別賞状」が与えられ、武田良太防衛副大臣は「現地の人々が諸君と顔を合わせるたびに「ジャパニーズ・グッド」などの感謝の声をかけてくれたと聞いている。これは諸君の活動が、現地の人々に勇気と希望を与え、そして心から信頼されている証である」と訓示した。

「教訓要報」にはこうある。

「約十一万二千七百平方メートル(甲子園球場グラウンド約九面分相当)の敷地造成、約五千メートルの排水溝整備、二千五百六十トン(施設隊使用量約一カ月分)の給水支援、延べ四千六十八人に対する医療支援を実施する等、UNMISSマンデート履行に寄与した」

施設作業は治安状況をにらみながら、大急ぎで実施された。「教訓要報」にはこう書かれている。

「第五次要員は、従来の作戦環境と劇的に異なる環境下での活動を実施した」しかし、これはまだ自衛隊に与えられた試練の入り口にすぎなかった。

3　韓国軍から突き返された弾薬

韓国軍のPKO参加の経緯

韓国が国連に加盟したのは意外に新しく、湾岸戦争があったのと同じ一九九一年である。この年の九月十八日、北朝鮮との同時加盟だった。

韓国は独立した一九四八年以降、国連加盟を外交の最優先課題としてきたが、北朝鮮に近いソ連が拒否権を発動し、加盟はかなわなかった。八九年にベルリンの壁が崩壊、東欧社会におけるソ連の影響力が減衰するのを待っていたように韓国は同年、東欧各国との国交を樹立した。九〇年にはソ連との国交を回復、中国との関係も改善することでようやく国連加盟が実現するのである。

デ・クエヤル国連事務総長からPKO参加の意向を尋ねる書簡が届いたのは加盟翌月の十月のことだった。一年後の九二年九月、韓国政府は「参加可能」と回答している。長い検討期間を要したのは、韓国にはベトナム戦争での苦い経験があり、国内に強い反対論・慎重論があったからである。

韓国は六四年から七三年までに延べ三十二万人の兵士をベトナム戦争に送り込んだ。参戦の理由は、朝鮮戦争で北朝鮮相手に戦った米国がベトナム戦争に参戦したことへの恩返しだったとも、日本が朝鮮戦争特需で戦後復興をなし遂げたのを見て、経済発展を狙ったともいわれている。

米国からの特需や援助に加え、六五年には日本と国交を正常化し、日韓基本条約を締結して経済協力資金を獲得したことなどで、韓国は「漢江の奇跡」と呼ばれる経済成長を実現した。その一方で、ベトナム戦争の戦死者は五千人に上り、軍隊の海外派遣に慎重な姿勢をとるようになる。

ただ、韓国は米国からの派遣要請を受け、国連加盟より早く湾岸戦争に兵士を派遣している。米国は日本にも自衛隊派遣を求めており、湾岸戦争への協力要請は米国の同盟国に対し共通して発信された。韓国政府は医療部隊と航空機による輸送部隊を中東に派遣したが、戦闘に参加する歩兵部隊は派遣していない。

ＰＫＯでも歩兵部隊の派遣は積極的には行っていない。ベトナム戦争での経験を踏まえ、人的被害を最小限に抑えることに腐心したためである。

最初のＰＫＯ参加は九三年七月、ソマリアＰＫＯへの工兵部隊の派遣だった。一年の予定だったが、米兵に犠牲が出るなどの治安悪化により、九四年三月には撤収した。次には九四年九月に西サハラＰＫＯに医療部隊を派遣し、二〇〇六年五月まで活動を続けた。九五年十月からアンゴラＰＫＯに工兵部隊を一年間派遣、九九年十月には賛否両論の世論がぶつかり合う中、初めての歩兵部隊を東ティモールに派遣、治安維持を担い、〇三年十月まで活動した。

二〇〇六年七月にはレバノンＰＫＯに歩兵部隊、工兵部隊の合計三百五十人を派遣、現在も活動を続けている。一〇年二月からはハイチＰＫＯに医療部隊と工兵部隊を送り込んでいる。

韓国はＰＫＯのほかにも米国によるアフガニスタン攻撃やイラク戦争に医療部隊や輸送部隊、工兵部隊を送り込み、ソマリア沖の海賊対処には海軍艦艇を派遣している。ＰＫＯを含め、こうした海外活動はいずれも国会の承認を根拠に行ってきており、海外派遣のための法律は存在しなかった。しかし、法治主義の観点から問題があるとの批判が国内に高まり、韓国議会に「国連平和維持活動参加法（ＰＫＯ参加法）案」が提出され、〇九年十二月に成立した。

陸軍特殊戦司令部のもとに兵士一千人で構成される常備部隊「国際平和支援団」が編制され、これとは別に工兵部隊、輸送部隊、医務部隊などの要員が指定された。こうして韓国はＰＫＯ参加を通じて、国際的地位の向上を目指す姿勢を打ち出している。

韓国軍への銃弾貸与を日本政府が許可

韓国は南スーダンＰＫＯにも工兵部隊をボル、ビボルの二カ所に派遣している。このうちボルは二〇一三年十二月二十日に政府軍が奪還するまで一時、反政府勢力に支配された。ボルの国連施設には避難民一万五千人が殺到し、韓国軍はただちに避難民支援を開始した。

同月二十一日のことだ。韓国軍から陸上自衛隊の第五次隊に一本の電話があった。「五・五六ミリ小銃弾を一万発貸してほしい」というのだ。この後、ＵＮＭＩＳＳ司令部からも同様の電話があった。

このときの様子について、一四年一月十三日付の『毎日新聞』は第五次隊長の井川一佐のインタビュー記事を掲載している。「『韓国隊の指揮官から電話で直接要請を受けた』と改めて述べた上で、『韓国隊が危機にひんしているのを見過ごすわけにはいかないと感じた。何かあった場合、将来に禍根を残すと考えた』と、当時の思いを語った」と伝えている。

五・五六ミリ小銃弾はＮＡＴＯ弾とも呼ばれ、ＮＡＴＯに加盟する各国が共通して使う直径の小さな小銃弾である。日本と韓国はNATOに加盟していないが、自衛隊と韓国軍は相互に融通可能な五・五六ミリ小銃弾を採用している。

韓国軍の要請は防衛省を通じて日本に伝えられた。内閣府と外務、防衛両省は内閣法制局と二十三日未明まで協議した結果、政府は弾薬の貸与ではなく、国連を通じて譲渡することを決定。菅義偉官房長官の談話として「UNMISSに参加した各国軍のうち、五・五六ミリ小銃弾を持つのは自衛隊だけであり、緊急の必要性・人道性が極めて高いことから武器輸出三原則等によらないこととする」と提供する理由を発表した。

武器輸出三原則は、日本の国是である。本来は共産圏などへの武器輸出を禁止したものだが、一九七六年の三木武夫首相答弁で他の地域への武器輸出は「慎む」とされ、政府はすべての武器輸出を禁じてきた。

武器輸出三原則は、もちろんPKOでも適用された。九一年十月一日、衆院国際平和協力等に関する特別委員会で「(PKO協力法案三条四号の)「物資協力」に武器や弾薬、装備は含まれるか」との野党の問いに、政府側は「含まれていない」(野村一成内閣審議官)と明確に答弁。「(国連)事務総長から要請があった場合は」との質問にも「そもそも事務総長からそういう要請があることは想定していないし、あってもお断りする」(同)と答弁した。

そうした過去の政府見解との整合性を棚上げして、政府は武器輸出三原則の例外扱いとすることを決めた。「緊急の必要性・人道性」があれば構わないというのである。「憲法上、集団的自衛権の行使はできない」としてきた歴代内閣の見解を、存立危機事態であれば「行使できる」と覆した一四年七月の閣議決定に通じるものがある。

五・五六ミリ小銃弾は二十三日、国連のヘリコプターで運ばれる予定だったが、政府軍と反政府勢力との交戦が治まらず、ジュバの空港にしばらく留め置かれ、二十七日になってようやく、韓国軍に引き渡された。

韓国国内からの反発

様子が怪しくなるのはこの後だ。韓国国内で「日本の自衛隊から小銃弾を譲渡される」と報道されると、韓国内から「日本と軍事的な連携を強めるのか」「韓国軍は十分な弾薬を持って行っていないのか」などの不満が噴出した。

韓国政府は二〇一三年十二月二十四日、「万が一の事態を憂慮した予備分だ」と発表。韓国国防省の報道官は同日、会見で「部隊の防護や任務遂行に必要な弾薬は持っていたが、(治安状況の悪化という)事態が長期間続く可能性にも備え、予備分を確保するため臨時に借りたものだ」と説明し、韓国から補充の弾薬が届けば、日本側に返還する考えも表明した。

第二次安倍政権下で強まる軍事色を懸念する報道もあった。安倍政権が進める武器輸出三原則の見直しに手を貸すのではないのかというのだ。「安倍政権を手助けする形になった」(韓国紙『東亜日報』)といった批判も上がり、韓国政府は打ち消しに追われた。

年が開けた一四年一月十日、韓国軍合同参謀本部は「国連を通じて自衛隊から提供されていた銃弾一万発を国連に返却した」と発表した。韓国政府が送った銃弾を含む追加物資が同日、ボルの拠点に到着したため返却したと説明した。

日本政府は同月二十九日、内閣府のホームページに「韓国隊の隊員と避難民の生命・財産を保護するために一刻を争った」との政府説明を載せたが、韓国側が「予備分を念のため借りた」と主張し、日本政府の言い分を認めていない以上、どこまで行っても水掛け論である。時間の経過とともに双方の言い合いは鎮静化していったが、後味の悪い結末となった。

武器輸出解禁への地ならしだったのか

韓国軍への小銃弾提供から三カ月後の二〇一四年四月一日、突然、安倍政権は武器輸出三原則に代わる防衛装備移転三原則を閣議決定した。武器輸出を解禁する一方、輸出が国連安保理決議に違反する場合などのほか、目的外使用および第三国への移転禁止などの三原則で縛りをかけるというものだ。

このタイミングでの決定は、韓国軍への小銃弾提供が武器輸出解禁の「地ならし」になったと批判されても仕方ない。韓国世論の指摘通り、安倍政権の武器輸出三原則の見直しに利用されたのである。

安倍政権は「武器を輸出しない」という国是をやすやすと乗り越えた。「積極的平和主義」を掲げた安倍首相にとって、歴代の首相たちの手足を縛った憲法の制約などないかのようである。立憲主義からの逸脱は、独裁に通じるとの指摘がある。そんな批判が高まる中、安倍首相は憲法九条の改正を提案。自衛隊の軍隊化を急ぐかのようである。

ところで、防衛装備移転三原則のうち、政府が定めた「歯止めとなる三原則」は本当に歯止めになるのだろうか。

防衛装備移転三原則のひとつに「我が国の締結した条約その他の国際約束に基づく義務に違反する場合」がある。日本は九八年、農業従事者や子供が犠牲になる対人地雷の禁止条約を締結し、自衛隊の対人地雷をすべて廃棄した。条約には百六十二カ国が加盟しているが、米国、中国、ロシアなどの軍事大国は締結していない。

また日本は〇九年、親弾に入った子弾の多くが不発弾となって住民に被害を与えるクラスター爆弾の禁止条約に加盟した。米国、中国、ロシアはやはり締結していない。

すると先の原則によって、これらの国々へは武器輸出できないのだろうか。防衛省装備政策課は「条約を締結しても違反する国へは輸出しないという意味」と説明する。最初から締結する考えのない米国などへは輸出できるというのだ。罪人が改心して再び罪を犯したら許さないが、最初から改心しなければ問題にならないと言っているのに等しい。極悪人ほど善人として扱われるような規定はどう考えてもおかしい。

防衛装備移転三原則に従い、防衛省は米国へ迎撃ミサイルの基幹部品を輸出した。対人地雷禁止条約を締結していないインドへは救難飛行艇の輸出へ向けた作業部会が設置されている。「歯止め」は武器輸出の障害にならないよう巧みにつくられた。

4　「鉄帽、防弾チョッキを着用！」——巻き込まれた宿営地

自衛隊の宿営地を挟んで銃撃戦が勃発

大統領派と前副大統領派による内戦は二〇一五年八月、東アフリカの地域経済共同体「政府間開発機構(Inter-Governmental Authority on Development＝ＩＧＡＤ)」の仲介により、合意協定が成立、一応の決着をみた。一六年四月、国民統一暫定政府が発足した。

だが、穏やかな日々は一年も続かなかった。ジュバで紛争が再燃したからである。

「鉄帽、防弾チョッキを着用！」

二〇一六年七月十日、ジュバ市街地の北東部にあるトンピン地区近くで銃撃音が響いた。「完全防備して建物内に退避」という一斉放送が流れ、第十次隊に緊張が走った。紛争が再燃して四日目、戦闘はトンピン地区の自衛隊区画近くに飛び火した。

トンピン地区には日本を含め、エチオピア、ネパール、ルワンダ、インド、バングラデシュの各国部隊が同居する。自衛隊の区画から百メートル先にある所有者の国籍から名付けられたトルコビル。このビルに立てこもった反政府勢力とこれを排除しようとする政府軍との間で宿営地を挟んで撃ち合いが始まり、銃弾は隊員三百五十人が避難した自衛隊施設のすぐ上を飛び交った。

宿営地は高さ二メートルほどの土塁で囲まれている。水平射撃なら隊員に当たることはないが、土塁の上を飛び交う銃弾はいつ落下して来ても不思議ではない。後に給水塔や倉庫に流れ弾が当たっていた

ことが明らかになる。隊員たちは訓練で教えられた通り、孤立することがないよう互いに身を寄せ合った。だが、これは訓練ではない、本物の戦闘なのだ。

きしむ音を響かせて政府軍の旧ソ連製Ｔ70戦車が自衛隊区画の横の道路で止まった。バスーンッ！四十五ミリ砲の発射音とともに振動と風圧が建物を揺さぶった。砲弾はトルコビルの八階に大穴を空け、破片は真下の住宅地に落ちた。

逃げまどい、トンピン地区に押し寄せる住民たち。治安維持を担う歩兵部隊のルワンダ軍がウエストゲートを開けて自らの区画に誘導する。住民に反政府勢力が紛れ込んでいるとみた政府軍はルワンダ軍に迫撃砲弾を撃ち込んだ。すると隣接した区画のバングラデシュ軍が政府軍に対して発砲を始めた。地元民とＰＫＯの部隊が敵対すれば、ソマリアＰＫＯで起きたような混乱の極みに陥りかねない。幸い、撃ち合いは日没には収まった。

施設隊長だった中力修一佐は帰国後、北海道の第十一旅団幕僚長の職に戻った。一七年十一月二十日、筆者は一面の雪に覆われた札幌市の真駒内駐屯地を訪ねた。

「他国軍の状況は分からなかった。翌日になってＵＮＭＩＳＳからの情報や地元新聞で詳細を知った。バングラデシュ軍が発砲したと知り『なんてことするんだ』と思った。相手に宿営地を攻撃する理由を与えてしまうからです」

仮にバングラデシュ軍が攻撃を受けた場合、彼らを守るために共に戦う「宿営地の共同防護」は改正ＰＫＯ法を含む安全保障関連法の施行により、実施可能になっていた。一三年十二月に起きた武力衝突でＵＮＭＩＳＳから求められたものの、憲法で禁じた武力行使にあたるとして断った「火網の連携」は

「宿営地の共同防護」と名前を変えて「できない」から「できる」に百八十度方向転換していた。

「宿営地の共同防護」を合憲とする理屈

安倍政権は二〇一六年七月に迫った参議院選挙への影響を避ける狙いからか、安保法制の施行後、同じく実施可能となった「駆け付け警護」とともに「宿営地の共同防護」は「任務として与えない」と発表。南スーダンPKOで安保法制は当面、適用されないとの誤解を生む結果になった。

「駆け付け警護」は法律上、閣議決定される実施計画に任務として明記する必要があり、確かに実施計画に書かれていないので実施できない。しかし、「宿営地の共同防護」は「改正PKO法の施行と同時に実施できる」(内閣府国際平和協力本部)うえ、安倍首相が自らの責任で定めた実施要領で念入りに実施可能としている。それを「やらない」と説明したのはウソであり、国民に対するミスリードにほかならない。

宿営地が本格的に襲撃された場合、自衛隊はどう対処しただろうか。改正PKO法に「宿営地の共同防護」が追加されているので宿営地を守るための武器使用は可能である。しかし、撃ち合う相手が「国家または国家に準ずる組織(国準)」だった場合、憲法九条で禁止した武力行使にあたるおそれがある。では、なぜ「宿営地の共同防護」は可能、つまり合憲となったのだろうか。独自に入手した内閣官房国家安全保障局の改正PKO法をめぐる想定問答にはこうある。

「宿営地はその中に所在するものの生命または身体の安全を図る上でのいわば最後の拠点」「宿営地を防護する武装した要員は相互に身を委ねあって対処する関係にある」「宿営地に宿営する者の防護とい

う目的での武器の使用は、自己保存型の武器使用として認められる」「自己保存のための武器使用は自然権的権利であるため相手が「国または国に準ずる組織」でも憲法九条の禁じる武力の行使にはあたらない」

宿営地の他国軍を守るのは自己保存のためであり、自己保存は自然権なので相手が国であれ、国準であれ、武器を使用できるというのだ。

これが違憲を合憲とした政府の理屈である。

南スーダンの実情に即して考えてみよう。法律上は自衛隊の前に都合のよい世界が広がっているが、互いに対立する一方の大統領派は政府軍であり、もう一方の国家とみなされ、前副大統領派は元政府軍であるので国準とみなされる。その彼らがＰＫＯ部隊を攻撃している。ところが、改正ＰＫＯ法はＰＫＯ参加五原則の「派遣の同意」があるなら自衛隊の前に国家や国準が敵対するものとして現れないと規定する（九六ページ参照）。まったく現実に合っていない。しかし、日本政府は「宿営地の共同防護」は自然権的権利なので、仮に相手が国や国準であっても違憲にはならないと結論づけ、抜け道をつくっている。

自然権的権利を持ち出すなら、「国や国準は自衛隊の前に現れない」との閣議決定（九六ページ参照）は不要だったはずである。「現れない」との仮想的な状況を盛り込んだことにより、後に明らかになる「日報」問題で稲田防衛相が国や国準が関係した戦いと定義される「戦闘」を国家や国準とは無関係の「衝突」と言い換え、支離滅裂の国会答弁を招くことになる。

ジュバの宿営地は東西二キロメートル、南北三百メートルと広い。例えば一キロメートルも二キロメートルも離れた他国軍を守るため、攻撃されてもいない自衛隊が南スーダン軍に発砲したとすれば、それは先制攻撃＝武力行使となるおそれがあり、違憲となる可能性は否定できない。だが、日本の法制度では裁判に訴えない限り、合憲か違憲か判断されることはない。また裁判で違憲とならない限りは合憲との政府見解が維持される。ただし、自衛隊に撃たれた相手が「日本の憲法上、合憲だから仕方ないよね」などと納得して手を引くはずもない。自衛隊は危険を呼び込むことを覚悟しなければならなかった。

これらの問題は安保法案を審議した一五年の通常国会で指摘されるべきだったが、十一本もの新法案や法改正案を盛り込んだ安保法制は、わずか四カ月で成立。憲法解釈を変更した集団的自衛権行使の議論に時間をとられ、改正ＰＫＯ法案の中身はほとんど審議されなかった。生煮えのまま、本番を迎えたのが南スーダンの自衛隊なのだ。

無責任な政治のツケは自衛隊員に

防衛省幹部は「実施要領で宿営地の共同防護は「除く」とすべきだとの議論があった」と明かし、省内に迷いがあったことをうかがわせる。実施要領から外せば、他国軍を守るための武器使用はできず、憲法上の問題は浮上しない。その一方で切羽詰まった状況で他国軍と連携して武器使用できないという不都合が生じる。

南スーダンで「宿営地の共同防護」は実施されるのか防衛省に見解を求めたところ、文書で回答があった。「突発的な事態の発生に際しては個別具体的な状況を踏まえ、その時点で実施可能な任務を適切に果たしていく所存です」。つまり「できる範囲のことはやる」というのだ。「宿営地の共同防護」が現状では合憲・合法であることを拠り所として現地部隊の裁量に委ねているのだ。何のことはない、あなた任せの出たとこ勝負。これが日本のシビリアン・コントロールの実態である。

宿営地から政府軍に反撃したバングラデシュ軍に対して、政府軍が本格的に応戦したり、なだれ込む事態になったりしたとすれば、自衛隊は発砲に踏み切っただろうか。中力一佐はこう言う。

「それはない。自衛隊は道路補修を行う施設部隊です。ＵＮＭＩＳＳ工兵科の指図を受けている。宿営地を守るのは治安維持を担う歩兵部隊の役割。同じ宿営地にいた他国の歩兵部隊が命じられることになる」

即答だった。自発的に発砲することはまったく考えていなかったと断言した。だが、先の第五次隊の場合、ＵＮＭＩＳＳから「火網の連携」を求められた。憲法違反のおそれがあるとして断ったが、安保法制により「宿営地の共同防護」の呼称で「火網の連携」が可能になった以上、安保法制施行後の部隊はＵＮＭＩＳＳの要請を受け入れたとしても不思議ではない。

とはいえ、厳密には自己や自己とともにある隊員の安全を守るための武器使用などとはいえない。指揮官は同じ宿営地内とはいえ距離的に離れた他国の兵士を守るための武器使用に踏み切れるだろうか。このぎりぎりの判断を日本政府は派遣部隊に委ねたのである。

隊員とともに中力一佐が北海道に戻ったのは一六年十二月末のことだった。駐屯地は根雪に覆われていた。「ああ雪だなあ、暑いところから寒いところに戻ったんだと。無事に全員を連れて帰れてほっとしました」

自衛隊がＰＫＯに参加して二十五年。海外に派遣され、撃ち合うことを想定して入隊した自衛隊員がどれほどいるだろうか。自衛隊はどこまで関わるのか、議論は置き去りにされている。

5　首都ジュバの戦闘――捨てられた「PKO参加五原則」

「日報」が伝える内戦再燃への推移

二〇一六年七月に再燃した大統領派と前副大統領派による内戦はどのように推移したのだろうか。陸上自衛隊の第十次隊が作成した「南スーダン派遣施設隊　日々報告」(「日報」)、「日報」をもとに陸上自衛隊の中央即応集団が作成し、同司令官に提出する「モーニングレポート」、統合幕僚監部が作成した大臣への業務説明資料「南スーダン(UNMISS)における自衛隊の活動」の三種類の公文書から読み解いていこう(ただし、派遣終了後の文書開示にもかかわらず、自衛隊や国連の直接の安全にかかわる記述は黒塗りされている)。

手元にある「日報」は七月七日から十二日までの六日分。第一六三五―一六四〇号の通し番号がある。七月七日の「日報」は南スーダンの情勢を以下のように記している(傍線および〇番号は引用者。「日報」では政府軍はSPLA、反政府勢力はSPLA―iOと表記)。

ア　和平合意関連

和平合意の進捗は進展が乏しく、各地域における双方の緊張状態の継続、用地接収に関する地域住民との調整、兵站及び資金上の問題に直面するものと見積もられ、和平合意の完全な履行には混合裁

判所の設立を含め時間を要するものと思料①

また、二十八州制については各地方において大統領側で既成事実化が進んではいるが、政府内における反政府勢力等の反対は継続するものと思料され、動向に注目

イ　その他の情報資料

南スーダン全域で経済状況の悪化は継続しており、市民生活に直結している模様。政府関係者に対する給料未払いも継続していることから、治安機関による略奪等の犯罪が生起し治安状態が悪化する可能性があるものと思料

南スーダンの北部及び南部地方において、地元の者と思われる武装集団と政府軍又は暫定政府との間で抗争が生起しており、暫定政府及び二十八州制に基づく新州行政機関の治安統治能力は地方においては十分に発揮できていないため、報復又は一般犯罪は継続するものと思料

ウ　ジュバ市外

過去の事象から突発的な政府軍と武装集団による抗争、牛を巡る抗争、武器を狙う襲撃事案等が生起する可能性があるため、注意が必要。また、単発的な射撃事案に伴う流れ弾への巻き込まれに注意が必要②

五日後の七月十二日の「日報」は、七日の「日報」の傍線部分が以下のように変化している。

①　十一日、キール大統領及びマシャル副大統領による再合意があったものの、和平合意の進捗は進

展が乏しく、ジュバにおける両勢力の戦闘により、さらに時間を要するものと思料

② ジュバ市内の戦闘は停戦したものの、南スーダン全般としては、政府軍と反政府勢力、政府軍と武装集団による抗争、牛を巡る抗争、武器を狙う襲撃事案等が生起する可能性があるため、注視が必要

つまり、七月七日から十一日までの間にキール大統領（政府軍）とマシャル前副大統領（反政府勢力）による戦闘がジュバであり、その後、停戦で再合意したものの、抗争が再発する危険があるというのだ。

この間、ジュバで起きた戦闘の様子は「日報」に詳述されている。この「日報」を分析した「モーニングレポート」をもとに戦闘状況の推移を次にまとめてみよう。

ジュバで銃撃戦の勃発

発端は七月七日夜に起きた銃撃戦だった。

七月七日午後八時ごろ、ジュバ市内を横断し、大統領府まで延びるグデレロードで政府軍と反政府勢力の銃撃戦があり、政府軍三人が死亡、反政府勢力の二人が負傷した。反政府勢力が車両検問を強引に通過しようとして政府軍が過剰反応したことが原因。

これに先立つ、二日にはジュバ市内で反政府勢力の二人が殺害される事件が起きている。治安悪化の防止と、独立記念日を九日に控え政府軍と国家治安局が武器捜索のための車両検問や夜間巡回など、警備を強化している中で発生したのが七日の事件だった。

「モーニングレポート」は「七日の銃撃事案は単発的に発生したものではあるが、最近の個別事象が積み重なり、その中で両者にフラストレーションが溜まる中で突発的に発生した可能性」と原因を分析。七日の銃撃事案発生後、キール大統領とマシャル前副大統領との間で電話会談が持たれ、事態をエスカレートさせないようそれぞれの部隊に命令することで合意したが、注視が必要と続けている。

その懸念は現実のものとなる。七月八日午後五時半ごろ、七日に発生した事件をめぐり、大統領府で協議中、周辺で銃撃戦が発生。大統領府近くから黒煙が上がり、攻撃ヘリコプターや戦車まで動員される本格的な戦闘に発展した。この戦闘で合計百五十人が死亡。他の地域で起きた銃撃戦と合わせて二百七十人が死亡した。

午後七時ごろ、キール大統領とマシャル前副大統領はラジオで鎮静化を呼び掛け、九日になって銃撃戦は減少するが……(この後は黒塗り)、十日になって陸上自衛隊の宿営地があるトンピン地区で銃撃戦が再燃する。この様子は前節で詳述した通りである。

「モーニングレポート」をもとに十日に発生した事案を第十次隊の報告から振り返る。

午前　九時　八分　トンピン地区南西百五十メートルで政府軍車両が襲撃される

　　　九時二二分　攻撃ヘリ二機が離陸、低空で移動

[redacted]

一一時　八分　トンピン地区トルコビル南側付近で小銃及び迫撃砲又はＲＰＧの射撃音（ＲＰＧは携帯式ロケット弾）

一一時一一分　トンピン地区、ウエストゲート付近で激しい戦闘を確認
午後一二時二一分　トルコビル左下に着弾（ランチャーと思われる）
一時三九分　宿営地南側方向、連続的な射撃音
五時四三分　戦車、トルコビルに対し、戦車砲を射撃、トルコビル西端に命中

「日報」では「一一〇六ごろ日本隊宿営地南側トルコビル周辺で政府軍と反政府勢力との銃撃戦が発生」とあるものの、その後はすべて黒塗り。一方、「モーニングレポート」は前述のように詳細だ。黒塗りを忘れたのだろうか。

「モーニングレポート」は七日から十日までの情勢評価として以下のように書いている。

「■（七行分）」

「ジュバ市内において反政府勢力は勢力的に限定・孤立し、政府軍に対し不利であり、反政府勢力から組織的な反撃をしかけることは得策とは言い難いことから、その可能性は小さいと評価（ただし、反政府勢力に対する反発・不信感はより高まっていると思われることから、一部が暴発的に襲撃を続ける可能性は否定できない）」

「一方、政府軍は強硬派とされるマロン参謀総長が武装集団への断固たる対応を警告しており、武装集団対処を名目に反政府勢力に対する攻勢を強める可能性は否定できない」

結論は以下の通り。

「七日以降、情勢はさらに悪化。これまでの被害が今後もさらなる情勢の悪化につながるおそれ」

「今回の衝突により、政府軍と反政府勢力との相互不信は再燃し、衝突の火種がくすぶり続けることから、ジュバ市内の情勢安定には時間を要するものと思料」

「このため、ジュバ市内（ＵＮトンピン地区外）における施設隊の活動については当面、慎重を期すことが必要」

まとめてみると、反政府勢力に勢いはなく、組織的な反撃をしかける可能性は小さいが、むしろ政府軍の強硬派による反政府勢力への攻撃があり得る。情勢はさらに悪化するおそれがあり、ジュバの情勢安定には時間がかかりそうだ。したがって陸上自衛隊の作業は慎重にやらなければならない――。

自衛隊は活動を停止

実際、七月七日の「日報」にはトンピン地区のほか、ＵＮＭＩＳＳ司令部のあるＵＮハウス地区、ジュバ市内で活動が記録されているが、銃撃戦後の八日はジュバ市内で情報収集したこととウガンダへ出張する隊員を空港に輸送したこと以外、八日から十二日までのＵＮハウス地区、ジュバ市内の活動はすべて「なし」とある。

トンピン地区の活動は七日の「日報」では施設補修、給水、ルワンダ軍とのスポーツ交流といった日常の活動が行われていたが、八日以降はほぼ給水のみとなり、活動を中断せざるを得なかったことが分かる。十二日の「日報」には初めて「文民保護に資する活動」が登場し、ジュバ市内からトンピン地区に逃れてきた避難民のためのトイレ設営やキャンプづくりが開始される。

七日夜の銃撃戦以降、ジュバ市内の治安状況が悪化したことにより、それまでジュバ市内やＵＮＭＩ

ＳＳ司令部で続けてきた活動が継続できなくなり、トンピン地区内での給水などに限定され、避難民支援という新たな活動に軸足を移したことが分かる。

「日報」には「市内での突発的な戦闘への巻き込まれに注意が必要」（七月十日付、十一日付）、「停戦合意は履行されているものの、偶発的な戦闘の可能性は否定できず、巻き込まれに注意が必要である」（十二日付）とあり、注意を促すため赤字で強調して書かれている。随所に「戦闘」「銃撃戦」「襲撃」の文字も出てくる。

自衛隊は本来、予定していた施設整備を継続することができず、宿営地にこもり、活動を避難民支援に変更することを余儀なくされた。ＰＫＯ参加五原則の「停戦の合意」が成立しているか極めて怪しい状況にあり、現に部隊は活動の中断に踏み切っている。政府はＰＫＯ参加五原則のほか、派遣を続ける条件として「有意義な活動が実施できること」「隊員の安全が確保できること」の二点を挙げているが、この二条件も風前の灯火だった。

治安悪化を受け、邦人をジュバから輸送

ジュバでの戦闘発生後、自衛隊機を使った邦人輸送も実施された。日本では七月十一日、国家安全保障会議（ＮＳＣ）が開かれ、ＰＫＯに派遣している陸上自衛隊による邦人の陸上輸送や航空自衛隊のＣ130輸送機による邦人輸送を決めた。

航空自衛隊のＣ130輸送機三機が愛知県の小牧基地から出発し、十三日夜にはジブチの海上自衛隊「拠点」に到着した。翌十四日にジュバ空港で邦人を空輸する計画だったが、十三日のうちにＪＩＣＡ関係

者ら計九十三人(うち日本人四十七人)が民間機でジュバから隣国ケニアの首都ナイロビに退避した。

市内からジュバ空港までの陸上輸送は日本大使館が行い、自衛隊による陸上の邦人輸送は実施されることなく終わった。C130は十四日、一機だけジブチからジュバに派遣され、日本大使館員四人を載せて、ジブチまで戻った。その後、C130三機は二十三日、ジブチから日本へ向けて飛び立った。

C130は最大九十二人を空輸できる。三機で二百七十人も空輸できるのに実際に乗り込んだのは大使館員四人だけ。輸送ゼロでは三機派遣した見通しの甘さを批判されると考え、外務省と防衛省が連携して大使館員を空輸することでお茶を濁したのではないだろうか。

陸上輸送はなぜ、行われなかったのだろうか。十一月十五日に開かれた衆院安全保障委員会でこの点を追及した野党議員に対し、稲田防衛相は次のように答弁している。

「七月十一日のJICA現地所長からの相談に対し、派遣施設隊長は、UNMISS司令部により施設外移動が制限をされていた、すなわち、国連から移動禁止を申し渡されていた、また、国連トンピン地区近傍で激しい銃撃戦が行われていたこと等を踏まえ、上級司令部からの指示がない限り輸送はできないことを回答したとの報告を受けております」「七月十一日当時の情勢下、すなわち、銃撃戦が行われ、戦車も出ていたという状況です。そこで、みずからの判断で輸送活動を行うことは難しい」「陸上輸送は実施されなかったわけではありますけれども、適切な判断をしていたということでございます」

UNMISS司令部から宿営地外への移動を禁止されていたのに加え、実際に激しい銃撃戦が行われていたので陸上輸送しないとの判断は妥当だったというのだ。

稲田氏は続けて、こう述べた。

「まさしく今回の駆け付け警護は、そういった緊急の要請を受けて、人道的見地から、特に邦人からそういった緊急の要請を受けたときに、自衛隊員が、しっかり訓練をして、法的根拠に迷うことなく駆けつけて一時的な保護ができるように法改正したものでありますので、その法の趣旨に従いつつ、しっかり状況を見きわめた上で判断をするということでございます」

国会でのやり取りがあった十一月十五日、安倍内閣は安全保障関連法にもとづく「駆け付け警護」を次に派遣される第十一次隊に命じることを閣議決定した。

「部隊が外出さえできない激しい銃撃戦だった」と答えた稲田氏が、その口で安保法制のもとでなら「駆け付け警護」ができると答弁している。法的根拠が与えられ、しっかり訓練すれば危険な任務であっても実施できるというのだ。現実を無視した空論というほかない。

稲田氏はジュバで銃撃戦があった翌月の八月三日、防衛相に就任した。同月九日付の稲田防衛相に対する業務説明資料「南スーダン(UNMISS)における自衛隊の活動」には、七月七日ジュバで政府軍と反政府勢力による銃撃戦があり、十一日には「大規模な衝突事案が発生」の文字がある。「参考資料」として「日報」のうちジュバ市内の地図と戦闘状況まで添付されている。まともな理解力さえあれば、派遣された部隊が危機に直面していたことは誰が見ても分かる。だが、稲田氏を含む安倍内閣の見方は違った。

菅官房長官は十一日、「武力紛争が発生したとは考えていない。(PKO)参加五原則が崩れたとは考えていない」と述べ、陸上自衛隊部隊を撤収する考えがないことを明言した。宿営地に逃げ込んだ部隊の頭越しに銃撃戦があったとの第一報はただちに防衛省から官房長官に入る。部隊が極限状況まで追い詰められてもなお派遣を継続させる背景に、「撤収させない」という政府の強い意思があったと考えるほかない。

稲田氏がジュバへと旅立つのは同年十月八日のことだった。

６　結論ありきの稲田防衛相の視察——安保法制下の自衛隊派遣の意味

作為に満ちた新任務の訓練公開

二〇一六年十月二十四日、南スーダンＰＫＯに第十一次隊として派遣される陸上自衛隊第九師団（青森市）の訓練が報道陣に公開された。安全保障関連法で追加された「駆け付け警護」「宿営地の共同防護」の訓練も初めて公開されたが、肝心な武器を使用する場面はなかった。

前日、稲田防衛相が視察した際には、武装集団に扮した部隊と撃ち合う場面が含まれた。報道陣と防衛相とで公開内容に差を付けたのは、隊員がパンッパンッと銃を撃つ姿が新聞・テレビを通じて流れたとすれば、現地の危険な状況が明らかになり、新任務に反対する世論が高まりかねず、そうなることを避けたかったからだろう。

安保法制が初適用されようかという段階に至ってもなお、非公開を貫く姿勢は「国民の理解は深まっていない」と自ら述べながら、一五年九月の強行採決後もいっこうに安保法制とは何かを説明してこなかった安倍晋三首相の姿勢と重なるものがある。

公開された中で、もっとも興味深かったのは「駆け付け警護」の訓練でも「宿営地の共同防護」の訓練でもなかった。自衛隊にとって初のＰＫＯ参加となった一九九二年のカンボジアＰＫＯから続けている「道路補修」の訓練だった。

防弾チョッキと小銃でフル装備した隊員たちが、道路をならすロードローラーなどの重機の周囲で警戒している。二〇一二年七月、南スーダンで空港、国連施設、市街地の三カ所で道路補修する自衛隊を取材した際、武装した隊員に守られて作業をするような緊迫した場面はなかった。第一、いつ武装集団に襲撃されるか分からない治安状況下で、のんびり道路工事などできるはずがない。現にジュバで戦闘があった一六年七月、第十次隊はトンピン地区にこもり、ジュバ市内での道路補修を中断している。

稲田氏は訓練を視察した後、報道陣に感想を聞かれて「非常に士気高く、訓練に臨んでおられる様子を見ることができて、大変頼もしく思いました」と述べている。ちょっと待ってほしい。新任務の「駆け付け警護」「宿営地の共同防護」のもとでの撃ち合いは海外における武器使用にあたり、相手が「国家または国家に準ずる組織」だった場合は武力行使になるとして、安倍政権以前の日本政府が憲法違反だとして禁止してきたものである。違憲との批判が強い安保法制が施行されたことで可能になった無理筋の新任務といえる。

国連加盟国の一員として任意で参加しているにすぎないＰＫＯで「戦後初の一発」どころか、海外で撃ち合う訓練をする隊員たちの姿を見て違和感を覚えなかったのだろうか。「新任務として与えるか」との報道陣の問いに「治安の情勢の問題と総合的に判断して、最終的に政府全体で決めていく」と答えたが、その後の稲田氏の行動を見る限り「治安の情勢」をまじめに把握しようと努めたようには思えない。

現実を見ようとしない「視察」

稲田氏の南スーダン視察は九月に予定されていたにもかかわらず、ドタキャンされている。九月十五日に訪米し、その足で現地へ飛ぶ日程だったが、南スーダンへ向けて出発する前日の十六日夕になって中止が決まった。防衛省は「服用している抗マラリア薬の副作用でアレルギー症状が出たため」と発表した。

稲田氏は薬効に合わせて一週間前に飲んだとみられ、防衛省幹部は「体調が悪そうだった」とかばう。しかし、米国の水がよほど合っているのか、十五日朝には垂直離着陸輸送機「オスプレイ」に体験搭乗し、首都ワシントンではカーター国防長官と会ったほか、アーミテージ元国務副長官、国際通貨基金(IMF)のラガルド専務理事と予定通り会談し、米戦略国際問題研究所(CSIS)で講演までこなした。

稲田氏は自民党政調会長だった前年の二〇一五年九月の訪米でもアーミテージ氏とラガルド氏に面会、CSISでも講演している。何のことはないカーター氏との会談を除けば、防衛省の公務とは直接関係のない旧交を温める旅であり、米国の有力者に自らを売り込む絶好の機会と捉えていたことがうかがえる。

現地で行われた記者会見で「「次の総理大臣」として注目される中、訪米は成果を残せたか」と問われ、「ありのままの自分の考えは、このワシントンのみならず、どこへ行っても発信していきたい」と回答。「ポスト安倍」の気分を隠そうとはしなかった。

一方の南スーダン訪問は、陸上自衛隊のいるジュバで武力衝突が発生し、治安情勢の悪化が懸念される中でも安保法制にもとづく新任務を与えるか否か、その判断材料を集めるための重要な視察である。いつでも行ける米国をキャンセルしてでも向かうべきであり、明らかに優先順位を取り違えている。

案の定、南スーダンへ行かないわけにはいかなくなり、仕切り直して十月八日に訪問した。白パンツにかかとの高いブーツ姿という視察にはおよそ相応しくない格好でジュバ空港に降り立った稲田氏の滞在は、ジュバのみでわずか七時間。UNMISS代表らとの会談が多かったうえ、武力衝突が起きた現場を避けて通り、表面的な視察に終始した。

防衛省は安全確保に万全を期すためとして報道機関の同行者を四人に限定、稲田氏や同行者は陸上自衛隊の防弾仕様の四輪駆動車に分乗してジュバ市内を移動した。車列の前後には小銃を構えた政府軍兵士が二十人ずつ乗るトラック二台が警戒のために護衛した。

想定外だったのは南スーダン閣僚との会談でナイル川にかける橋脚工事の視察を要請され、急遽、向かわざるを得なかったことだ。小一時間かけてうねるような未舗装の悪路を進んだ。一部は自衛隊が補修した道路だが、ぬかるみに戻っている。PKOとして二番目に長い四年を越える派遣となり、道路補修を続けているのに道路状況はまったく改善されていないのだ。

国連の予算不足で舗装のためのアスファルトが買えず、砂利を固めるだけの簡易舗装にとどまるからである。補修しても雨が降れば悪路に逆戻りする。積み上げた途端、鬼が壊してしまう「賽の河原の石積み」と変わりない。稲田氏は移動する車中で「これは終わりのない活動ではないか」と疑問に思わなかったのだろうか。

治安情勢の悪化からJICAは退避と復帰を繰り返し、稲田氏が視察した時点では国外へ退避中。N

GOの日本人スタッフも危険を避けて南スーダン国外にいた。官民挙げて日本を売り込む目的で始めた「オール・ジャパン」は崩壊。自衛隊派遣だけが変わりなく続いていた。

最後に稲田氏は第十次隊がトンピン地区で避難民向けの退避壕を建設している現場に現れた。肝心の視察はわずか五分。これを最後にすべての日程を終え、報道陣に感想を求められた稲田氏は「落ち着いていると目で見ることができた。意義があった」と述べた。

第十次隊は大穴が空いたままのトルコビルを指さし、稲田氏に七月にあった戦闘の様子を伝えている。さらに終始、政府軍兵士に守られた防弾車両に乗って移動しての感想がこれである。稲田氏一行は、七月に政府軍と反政府勢力による戦闘があった地域を避けて通り、戦闘の痕跡から目を背けた。

帰国後、稲田氏は安倍首相に「比較的落ち着いている」と報告。首相は今度は柴山昌彦首相補佐官をジュバに派遣し、十一月七日のNSCの会議で柴山氏は「比較的落ち着いている」と稲田と同じ状況認識を報告した。

これらの報告を踏まえ、安倍首相は十一月十五日、NSCで「駆け付け警護」を新任務として付与することを決め、続いて「駆け付け警護」を盛り込んだ実施計画を閣議決定した。同時に閣議決定ではないが「宿営地の共同防護」も認めるとした。

国連の「治安悪化」の分析も無視

だが、国連の状況認識はまったく異なっていた。潘基文事務総長は十一月十四日までに南スーダンの治安情勢などに関する最新の報告書をまとめた。

報告書は、国連の専門家が八月十二日から十月二十五日までの情勢を分析しており、ジュバやその周辺の治安情勢について「volatile（不安定な、流動的な）」状態が続いていると記載している。全体としての治安は悪化し、政府軍が反政府勢力の追跡を続けている中央エクアトリア州の悪化が著しいと明記した。「同州にはジュバが含まれている」と書かれている。

たった七時間の視察で「比較的落ち着いている」とする日本政府に対し、三カ月に及ぶ長期間の調査で「治安悪化が著しい」とする国連の専門家たち。どちらの状況判断が正確か言うまでもないだろう。

十二月一日には南スーダンを視察した国連人権理事会の専門家グループがジュバで記者会見し、「複数の地域で集団レイプや村の焼き討ちといった民族浄化が確実に進行している」「ルワンダで起きたことが繰り返されようとしている段階だ。国際社会はこれを阻止する義務がある」と訴えた。ここでいう民族浄化とは、強大な力を持つ部族が他の部族の存在を消滅させることを目的に大量に殺害することを意味する。戦闘から虐殺へと治安悪化が著しいにもかかわらず、こうした情報を日本政府が参考にした形跡はみられない。

政府は新任務を付与する前の十月二十五日、「派遣継続に関する基本的な考え方」を公表した。「治安情勢が厳しいことは十分認識している」としながらもＰＫＯに関して「まさに、世界のあらゆる地域から、六十二か国が部隊等を派遣し、南スーダンのために力を合わせている。七月の衝突事案の後も、部隊を撤退させた国はない」と書いている。

これは政府お得意の「言い換え」である。「部隊の撤収」にのみ着目しているが、ＵＮＭＩＳＳへの参加には「部隊参加」、要員のみを派遣する「個人参加」の二通りあり、七月の武力衝突で警察官を育成する文民警察部門に「個人参加」していたドイツ、英国、スウェーデンはいずれも要員を引き揚げている。都合の悪い情報は伏せて、都合のよいことだけ強調する、官僚の悪しき文化が発表文から透けて見える。

自衛隊員家族への説明会資料を改竄

本書の原稿を執筆する過程で、追加取材したところ、「駆け付け警護」が閣議決定される直前、防衛省が資料改竄《かいざん》を行った疑いが浮上した。

二〇一六年九月二十九日、民進党の辻元清美衆院議員の事務所が防衛省に対し、第十一次隊の家族に対する説明会資料を提供するよう求めた。翌三十日、統幕の背広組トップの辰己昌良総括官は、家族説明会資料に「隊員家族に誤解を生じかねない記述がある」と稲田防衛相に修正を進言、同日のうちに稲田氏は家族説明会資料の差し替えを指示した。

しかし、家族説明会の開催は同月十七日と十八日で、この時点ですでに終わっていた。差し替えは家族らが持ち帰った資料を回収し、新しい資料と交換する形で行われた。

だが、最初の家族説明会資料はいい加減につくられたわけではない。陸幕の関係各課で起案し、関係部署に照会したうえで、第十一次隊を派遣する青森県の第九師団に送付。九月十五日付で納富中《のうどみみつる》第九師団長（陸将）が決済している。多くの専門家がかかわった資料に差し替えが必要なほどの間違いがあるとは考えにくい。

辰己総括官は南スーダンＰＫＯについて稲田氏が国会答弁する際、政府委員として補佐する役割がある。政治的判断によって資料の差し替えが行われたのだとすれば、改竄ではないのか。防衛省側は認めていないが、辻元事務所の資料要求を受けて、辰己氏が資料に不都合な記述があることを発見し、差し替えたとみるのが自然だろう。

防衛省は十月三日、辻元氏側に何の説明もなく、差し替えた後の家族説明会資料を手渡した。その後、差し替えに気づいた辻元氏側が防衛省に家族説明会で最初に配布した資料を要求した結果、辻元氏の手元には最初の家族説明会資料と差し替え後の家族説明会資料という二種類の資料が残ることになった（図4-1、4-2）。この二種類の資料を比較すると防衛省が隠したかった事実がみえてくる。

差し替えは二枚あり、「南スーダン情勢について」のタイトルが付いた一枚には「各州の状況」の項目で「西バハル・アル・ガザル州、ユニティ州等で小規模な戦闘が散発」と書かれているが、差し替え後の資料は「西バハル・アル・ガザル州、ユニティ州等で小規模な衝突が散発」に変わっている。

また別の一枚にあった「政府派・反政府派の支配地域」のタイトルは「反政府派の活動が活発な地域」と変えられ、政府軍と反政府勢力との対立色が薄められている。さらに地図記号の説明が「戦闘発生箇所」から「衝突発生箇所」へと変更されている。

どちらも「戦闘」を「衝突」に書き換えているのだ。この差し替えは、稲田氏が南スーダンＰＫＯの「日報」に書かれていた「戦闘」を国会で「衝突」と言い換えて騒ぎになった一六年二月より五カ月も前に行われている。

辻元氏が防衛省に家族説明会資料の提供を要求した翌三十日、衆院予算委員会で民進党の後藤祐一氏が「戦闘行為が起きていると理解してよろしいか」とただしたのに対し、稲田氏は「同派による支配を確立するに至った領域があったとは言えません。衝突があったということでございます」「法的に言いますと戦闘行為ではありません」と答弁している。

「戦闘」と「衝突」はどこが違うのだろうか。政府は「戦闘」の下に「行為」を付け、法的な意味における「戦闘行為」について「国際的な武力紛争の一環として行われる人を殺傷しまたは物を破壊する行為」と定義し、「国際的な武力紛争」とは「国家又は国家に準ずる組織の間において生ずる武力を用いた争いごと」と定義している。さらに「国家に準ずる組織」とは「系統立った組織性を有する」「支配を確立するに至った領域がある」の二点に当てはまる組織を指す。ちなみに「衝突」の定義は特に示されていない。

稲田氏が言いたいのは、こういうことだろう。南スーダンのマシャル前副大統領が率いる反政府勢力は「系統立った組織性を有する」組織ではなく、「支配を確立するに至った領域がある」組織でもないので、「国家に準ずる組織」には該当しない。したがって「戦闘行為」の当事者ではあり得ない。反政府勢力が政府軍との間でどれほど激しく戦闘したとしても、それは法的な意味の「戦闘」ではなく、単なる「衝突」にすぎない――。

第十一次隊の家族説明会が開かれるより前の一六年七月には、自衛隊も巻き込まれかねない政府軍と反政府勢力による本格的な戦闘がジュバで発生した。これを「戦闘（＝戦闘行為）」と認めた場合、ＰＫＯ参加五原則のうち「停戦の合意」が破綻したことになり、そうなれば自衛隊は撤収となる。派遣を継続するには「戦闘」を「衝突」と矮小化する必要があり、政府の都合に合わせて家族説明会資料を改竄し、「戦闘」の二文字を隠蔽するため辻元氏側には改竄後の資料を渡したと考えられる。

18

南スーダン情勢について

外務省ＨＰ及び報道資料【２０１６年８月１日時点】

【南スーダン国内の状況】

◇　平成２５年１２月１５日夜から１６日未明にかけて、首都ジュバ市内で政府側と反政府側の衝突が発生、その後国内各地に拡大。そのため、多くの国内避難民が発生し、ジュバの国連施設に避難したことから、国際社会は現地住民のための施設活動や医療支援を実施

◇　平成２７年８月中旬、政府間開発機構（IGAD）及び関係諸国等による調停の下で「南スーダンにおける衝突の解決に関する合意文書」（和平合意・停戦協定）が関係当事者によって署名。

◇　平成２８年４月、和平合意に基づき暫定政府が樹立し、和平合意の履行が進展中

◇　同年７月、首都ジュバ市内で政府側と元反政府側との衝突が生起したものの、現在収束傾向

【ジュバ市内の状況】

◇　国連文民保護施設内における避難民同士の小競り合い等が発生するが、市内の状況は平穏

【各州の状況】

◇　西バハル・アル・ガザル州、ユニティ州等で小規模な戦闘が散発

◇　中央、東、西エクアトリア州の南部３州は平穏

◇　各州の状況：次スライド「政府派・反政府派の支配地域」

19

政府派・反政府派の支配地域

首都ジュバを含む南部3州は政府側支配地域であり、北部地域に比して平穏です。

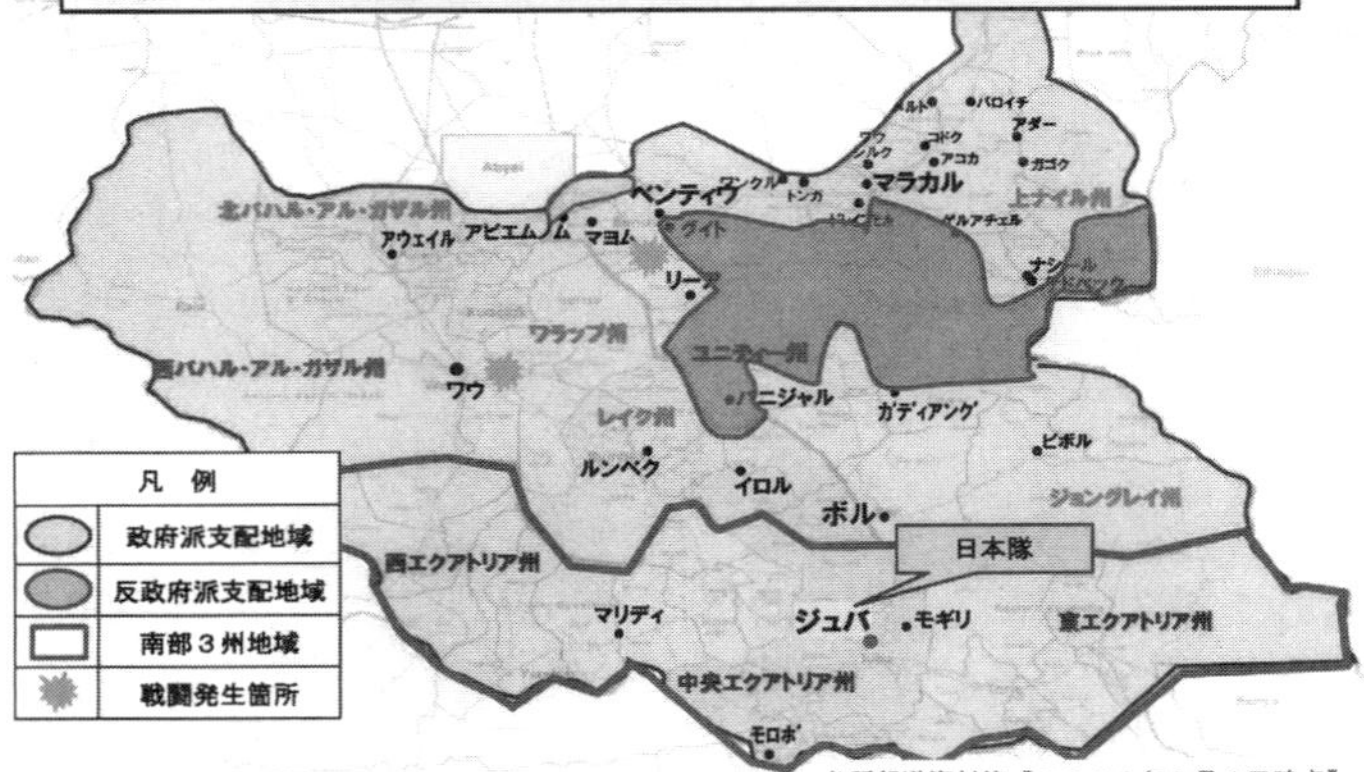

各種報道資料等【２０１６年８月１日時点】

図 4-1　辻本清美衆議院議員が入手した改竄前の「第 11 次隊・家族説明会資料」

18

南スーダン情勢について

外務省ＨＰ及び報道資料【２０１６年８月１日時点】

【南スーダン国内の状況】

◇　平成２５年１２月１５日夜から１６日未明にかけて、首都ジュバ市内で政府側と反政府側の衝突が発生、その後国内各地に拡大。そのため、多くの国内避難民が発生し、ジュバの国連施設に避難したことから、国際社会は現地住民のための施設活動や医療支援を実施

◇　平成２７年８月中旬、政府間開発機構（IGAD）及び関係諸国等による調停の下で「南スーダンにおける衝突の解決に関する合意文書」（和平合意・停戦協定）が関係当事者によって署名。

◇　平成２８年４月、和平合意に基づき暫定政府が樹立し、和平合意の履行が進展中

◇　同年７月、首都ジュバ市内で政府側と元反政府側との衝突が生起したものの、現在収束傾向

【ジュバ市内の状況】

◇　国連文民保護施設内における避難民同士の小競り合い等が発生するが、市内の状況は平穏

【各州の状況】

◇　西バハル・アル・ガザル州、ユニティ州等で小規模な衝突が散発

◇　中央、東、西エクアトリア州の南部３州は平穏

◇　各州の状況：次スライド「反政府派の活動が活発な地域」

19

反政府派の活動が活発な地域

首都ジュバを含む南部3州は、北部地域に比して平穏です。

各種報道資料等【２０１６年８月１日時点】

図 4-2　改竄後の「第 11 次隊・家族説明会資料」(「戦闘」が「衝突」に書き換えられるなどしている)

奇妙なのは防衛省が第十次隊の家族説明会資料に「戦闘」の文字を使い、そのままにしたことである。第十一次隊の家族説明会資料の差し替えがあった時点で南スーダンに派遣されているのは第十次隊だった。それにもかかわらず家族に配布した説明会資料を差し替えなかったのは、政府にとって重要なのは「駆け付け警護」を命じる予定の次に派遣される第十一次隊であり、間もなく帰国する第十次隊ではなかったのである。

政府は十月二十五日、派遣期間の延長を閣議決定し、十一月十五日には第十一次隊への「駆け付け警護」を新任務として与える閣議決定をした。この時点で三月二十九日の安保法制施行から半年ほどが経過しているが、いつなってても適用第一号を出せない事態は避けられたことになる。

安倍政権は早くから南スーダンPKOで安保法制を適用すると決めていたのだろう。稲田氏の「(ジュバは)比較的落ち着いている」という、国連の情勢認識と正反対の報告も「はじめに派遣続行ありき」だったと考えれば分かりやすい。家族説明会資料の差し替えは防衛官僚が政権の意向を忖度した行動だったといえるだろう。

安保法制が自衛隊員に強いるもの

政府は「駆け付け警護」を閣議決定した十一月十五日、「新任務付与に関する基本的な考え方」を発表した。「考え方」は、大前提として南スーダンの治安維持は警察と政府軍が責任を持ち、これをUNMISSの歩兵部隊が補完すること、さらに自衛隊は施設部隊であり、治安維持の任務はないことを確認。自衛隊が「駆け付け警護」に踏み切るのは自衛隊の近くでNGOなどが襲われ、近くにUNMIS

Ｓの歩兵がいないなどの極めて限定的な場面に限られ、しかも自衛隊の能力の範囲内で行うとした。具体的にはジュバ在住の日本人のみを対象に「駆け付け警護」するというものだ。

当時、ジュバにいた日本人は一人の修道女を除けば日本大使館員か、国連職員で約二十人にすぎなかった。大使館員や国連職員が襲撃される可能性は極めて低い。

たまたま自衛隊の目の前で日本人が襲われ、たまたま近くに警察もＵＮＭＩＳＳの歩兵部隊もおらず、たまたま自衛隊の能力で対処可能な武装集団だったなどの偶然が重ならなければ、自衛隊は「駆け付け警護」に踏み切ることはないのだ。そんな偶然が重なる確率はどれほどあるだろうか。安倍政権は自衛隊に犠牲者が出れば、責任を問われると読んで「新任務は与えるが、危険は避ける」と決断したのだろう。結局、第十一次隊は「駆け付け警護」に踏み切ることなく活動を終え、帰国した。第十一次隊が最後の派遣部隊となったことにより、「安保法制は南スーダンＰＫＯにおける「駆け付け警護」によって初めて適用された」というアリバイじみた実績を残すことになった。

自衛隊のＰＫＯ参加は、国際貢献を目的としている。だが、安保法制が制定され、「駆け付け警護」と「宿営地の共同防護」を南スーダンＰＫＯに派遣された自衛隊に新任務として与えたことにより、次のＰＫＯ派遣でも「駆け付け警護」「宿営地の共同防護」を任務としないわけにはいかなくなった。本来、果たすべき国際貢献の役割が後退することにならないだろうか。

その「駆け付け警護」は陸上自衛隊が望んだことを第3章第4節で明らかにした。「駆け付け警護」を実施する場合、自国民だけを救出の対象にするのだとすれば、国連やＰＫＯに参加した他国部隊から自己本位と批判されて日本が信頼を失うおそれがあり、願望を実現する代償としては割に合わない。自衛隊が発砲する相手が野盗・山賊の類ではなく、国や国準という場面がないとは限らない。そのような事態を安保法制は想定しておらず、盲点のひとつである。

最初から施設部隊ではなく、歩兵部隊としてＰＫＯに参加すればよいとの意見があるかもしれない。それでは自衛隊の持つ高い技術を活かすことはできないし、国連から支払われる兵士への日当を貴重な外貨獲得の手段にしてＰＫＯに参加している発展途上国の邪魔をすることにもなる。

また本章第2節では、自衛隊がＵＮＭＩＳＳ司令部から「火網の連携」との表現で「宿営地の共同防護」を求められた事実を明るみに出した。政府が考え出した「宿営地の囲障が破られ、武装勢力がなだれ込んで自衛隊員の生命が危険にさらされる場合は武器使用できる」との理屈は、自衛隊が撃ち合う相手が国や国準だった場合、安保法制上は合法でも、裁判を通して憲法違反の武力行使と判断される可能性がある。「施設部隊なのになぜ歩兵部隊のような任務が必要なのか」との疑問も消えない。宿営地に攻め込まれるほど治安が悪化しているとすれば、ＰＫＯ参加五原則が破綻しているのに自衛隊派遣が続いていることにもなり、政府の責任が問われる。

隊員を犠牲にしてまで行う国際貢献とは何か、またその国際貢献の幅を狭めてしまう安保法制とは何か。本来、目指すべき方向と逆の方向に日本を誘導する「悪魔の道標」なのではないだろうか。

第5章

政治の迷走と自衛隊の「忖度」のゆくえ

「日報」問題の背後にあるもの

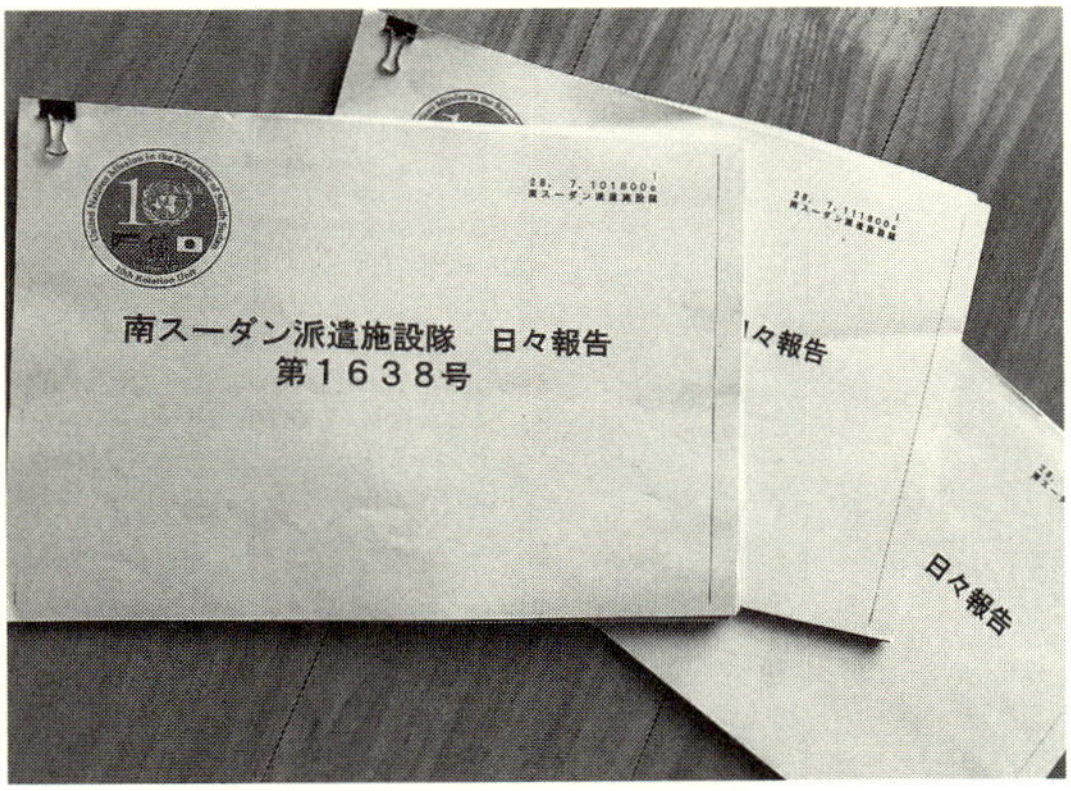

隠蔽されていた「南スーダン派遣施設隊　日々報告」
(「日報」)

隠蔽問題をめぐる経緯

13日	統幕総括官と陸幕副長が稲田防衛大臣に対し，陸自における「日報」の取り扱いについて説明(ただし，7月25日のフジテレビの報道では，陸幕幹部が陸自内での「日報」電子データの存在を稲田氏に報告し，稲田氏は「明日なんて答えよう」と発言).
14日	衆議院予算委員会で，共産党・笠井亮議員が「日報」の存在について稲田防衛大臣を追及．稲田氏は「確認して後日答弁する」と回答.
15日	防衛事務次官，陸幕長，大臣官房長，統幕総括官が稲田防衛大臣に対し，情報公開業務の流れを説明.
16日	防衛事務次官が陸幕長らに「日報は個人データであり，またすでに公表しているので，情報公開法上，公表の必要なし」と説明方針を提示.
21日	防衛事務次官，稲田防衛大臣に「(統幕監部の)日報は公表しているので問題なし」と論点説明.
3月10日	政府，南スーダンPKOから自衛隊の撤収を発表.
15日	NHKが，陸自でも「日報」の電子データを一貫して保管しており，消去の指示をしていた，とスクープ．1月中旬に発見し，公表の準備が進められたものの，2月に消去の指示をした，と報道.
16日	稲田防衛大臣が衆議院安全保障委員会で野党の追及を受け，「日報」廃棄への関与を否定．NHKが，陸幕長が1月中旬に報告を受け，防衛官僚，防衛省上層部に相談し，公表しない方針を陸自に伝えた，と続報.
17日	防衛大臣直轄の防衛監察本部が特別防衛監察を実施(7月28日に調査結果を公表).
7月25日	フジテレビが，稲田防衛大臣が2月13日に陸自内で「日報」の電子データ保管について報告を受けていたことを示す防衛省幹部の手書きメモを入手した，と報道.
28日	特別防衛監察の調査結果を公表．制服組・背広組双方による隠蔽はあったものの，稲田防衛大臣の関与は「分からない」と説明.

2016年 7 月19日	防衛省へ情報開示請求があり，内局情報公開・個人情報保護室の担当者が陸上幕僚監部，統合幕僚監部，防衛政策局に開示請求書を送付．陸上自衛隊中央即応集団副司令官は「日報」の存在を確認したものの，陸幕担当者と調整し，「日報は個人資料なので不開示」と判断．（2017 年 7 月 28 日の特別防衛監察結果公表による．以下，下線同）
9 月	ジャーナリスト布施祐仁氏が防衛省に「日報」開示請求（防衛省は 12 月 2 日付で通知）．
10月 8 日	稲田朋美防衛大臣が南スーダンの首都ジュバを訪れ，自衛隊の PKO 活動を視察．
23日	南スーダン PKO 第 11 次派遣部隊の訓練を稲田防衛大臣が視察．
24日	同上訓練を報道陣に公開（ただし，「駆け付け警護」「宿営地の共同防護」の訓練で武器使用はなし）．
12月 2 日	9 月の布施氏の開示請求に対して，防衛省は「廃棄した」と通知．
26日	自民党行革推進本部長・河野太郎衆議院議員からの要求を受け，防衛省が「再探索」し，統幕監部で「日報」データを発見．
2017年 1 月17日	陸幕監部，統幕監部，中央即応集団であらたに「日報」を発見．
24日	衆議院本会議で共産党・志位和夫委員長が「日報」の廃棄について質問．
27日	陸幕運用支援・情報部長が統幕総括官に「陸自に日報が個人データとして存在する」と報告．統幕総括官は出張中の防衛事務次官と相談し，稲田防衛大臣に統幕監部での「日報」の発見のみを報告．
2 月 7 日	防衛省が「日報」の電子データが統幕監部に保管されていたことを公表．施設部隊，中央即応集団では廃棄と説明．
8 日	衆議院予算委員会で，民進党・小山展弘議員が稲田防衛大臣の責任を追及．稲田防衛大臣は「憲法 9 条上の問題となる「戦闘」という言葉を使うべきではない」と答弁．

1 噴出した「日報」問題

廃棄された「日報」を発見？

南スーダンＰＫＯに派遣された施設部隊の「日報」問題は二〇一六年十二月に表面化した。同年九月末、ジャーナリストの布施祐仁氏が情報公開法に基づき、防衛省に対し、ジュバで戦闘があった同年七月七日から十二日までの「日報」を開示請求したところ、十二月二日付で「既に廃棄しており、保有していなかった」との通知を受けた。

廃棄の理由について、自衛隊を運用する統合幕僚監部の広報担当者は筆者の取材に「上級部隊に報告した時点で、使用目的を終えた」と説明。陸上自衛隊は「日報」に基づき、次に派遣される部隊への教訓をまとめた「教訓要報」を作成し、現地での活動や治安状況はこの中に要約した形で記載される。この時点で「使用目的を終えた」というのである。だが、原本に当たる「日報」が廃棄されてしまえば、防衛省・自衛隊が活動の細部を検証できないばかりでなく、情報公開を通じて国民の「知る権利」に応えることも難しくなる。

年が明けて一七年一月二十四日の衆院本会議。共産党委員長の志位和夫氏から「南スーダンＰＫＯの日報廃棄が明らかになった。廃棄した自衛隊幹部の行為を是とするのか」と問われ、安倍首相はこう答えた。

「日報は、南スーダン派遣施設部隊が、毎日、上級部隊に報告を行うために作成している文書であり、公文書等の管理に関する関係法令及び規則に基づき取り扱っている旨の報告を受けています。なお、日報の内容は、報告を受けた上級部隊において、南スーダンにおける活動記録として整理、保存されていると承知しています」

まとめると、①「日報」は適切に扱っている（が、廃棄した）、②「日報」の内容は上級部隊に活動記録として保存されている、というのだ。

二月七日午後、防衛省のA棟十階の防衛記者会。慌ただしく入ってきた広報課職員が「南スーダン派遣施設隊　日々報告」と書かれた表紙のカラーコピーの束を各社の机上に配布して回った。受け取った筆者が「南スーダンの日報？」と聞いたところ、「そうです」との回答。この日、防衛省はこれまでの説明を覆し、「日報」の電子データが省内に保管されていた事実を明らかにした。

広報課の説明によると、「日報」を作成した施設部隊、「日報」の送付先の陸上自衛隊中央即応集団は、ともに文書を廃棄していたが、他の部署に文書が残っていないか調べたところ、統幕で電子データが見つかったのだという。

配布されたのはジュバで戦闘が続いていた一六年七月十一日と十二日の「日報」と、この「日報」をもとに中央即応集団が作成した「モーニングレポート」。「日報」には「戦車や迫撃砲を使用した激しい戦闘」「戦闘への巻き込まれに注意が必要」といった切迫した状況が記載され、「UN（国連）活動の停止」の可能性にも触れている。派遣部隊が危険性を認識していたことがひしひしと伝わってくる。

これらの「日報」が情報公開法の規定通り、布施氏の開示請求から一カ月以内に公開されていたとしたら、どうだろうか。稲田防衛相がジュバの視察後、「比較的落ち着いている」とした報告を否定する情報が現地部隊からもたらされたことになり、自衛隊の撤収をめぐる議論が巻き起こっていたことだろう。安倍政権は「駆け付け警護」等を新任務とする実施計画を閣議決定できただろうか。

稲田防衛相は七日の会見で「防衛省として文書を探索しきれなかったことは、十分な対応ではなかった」と述べる一方、派遣部隊と中央即応集団で文書が廃棄されていたことについては「法令に基づいて廃棄した。隠蔽でも紛失でもない」と主張した。

だが、このころ稲田氏は防衛省で蚊帳の外に置かれていた。「南スーダン日報」は存在しないことを理由にした不開示決定が出された後、自民党行政改革推進本部長だった河野太郎衆院議員から防衛省に「(日報は)どこかにあるはずだからきちんと探してみろ」と電子データを含む資料探索要求があり、一六年十二月二十六日の統幕でのデータ発見となった。稲田氏に「日報」発見の報告が上がったのは一カ月も後の翌一七年一月二十七日。担当者は「黒塗りに時間がかかった」と話すが、防衛相に見せるのに黒塗りが必要だとすれば、稲田氏はどれほど信用されていないのだろうか。

防衛省幹部は「稲田氏は護衛艦に乗るのにハイヒールで来たり、南スーダンに派遣する部隊の演習視察に白パンツ姿で来たりで常識を疑いたくなる。昨年(二〇一六年)は沖縄行きや南スーダン行きをドタキャン。何かあると部下に当たるので腫れ物に触るようにしている」と明かす。

統幕で「日報」が見つかった当日、報告を受けた岡部俊哉陸上幕僚長は陸幕内で再探索するよう指示を出しており、他の部署でも発見される可能性があった。稲田氏に「統幕以外では見つからなかった」と報告したのち、別の部署で見つかったとすれば、稲田氏の逆鱗に触れる、省内はそんな考えで萎縮していたのではないだろうか。

「戦闘」の実態を認めない

国会で「日報は隠蔽されたのではないか」と野党の追及を受けた稲田氏は「上級部隊に報告した時点で目的を達した。日報を廃棄したことは規則上問題はなかった」「一次資料については可能な範囲で保管することが望ましい」との主旨を答弁し、将来は保管するが現時点では「問題なかった」と繰り返した。

二月八日の衆院予算委員会。民進党の小山展弘氏は「日報」が発見されたことについて「隠蔽であれ、調査不足であれ、稲田氏の大臣としての責任は重大」と指摘したうえで、「『日報』には戦車や迫撃砲を使用した激しい戦闘が行われていたと記載されている。戦闘行為はあったのか」とただしたのに対し、稲田氏は「あったのは武力衝突でございます」「法的意味における戦闘行為は、国際的な武力紛争の一環として行われる殺傷・破壊行為だ」との政府見解を繰り返し、「いくらその文書で『戦闘』という言葉が一般的用語として使われたとしても、法的な意味における戦闘行為ではない」と答えた。

さらに小山氏が「事実確認が大事だ。戦闘という言葉を使って陸上自衛隊が報告している、このことを認識しているのか」と聞いた。すると稲田氏は「国際的な武力紛争の一環として行われる人を殺傷しまたは物を破壊する行為が仮に行われていたとすれば、それは憲法九条上の問題になりますよね」と法律用語の解釈について説明を始めた。そして「国会答弁する場合には、憲法九条上の問題になる言葉を使うべきではない」と述べた。

現地部隊が「日報」に「戦闘」と何度も書いているにもかかわらず、「戦闘行為はなかった」と繰り返す稲田氏。現実を政権の都合に合わせようとする強い思いが「憲法九条上の問題になる言葉を使うべきではない」との本音につながった。

政府が隠す二つの不都合な真実

稲田氏が「戦闘行為」との法律用語を使って、「戦闘行為はなかった」と強調するのは、政府にとって二つの不都合な真実が隠されているからである。

政府は戦闘行為について「国家(国)または国家に準ずる組織(国準)間の紛争の一環として行われる人を殺傷し、または物を破壊する行為」と定義する。二〇一六年七月、ジュバで起きたキール大統領の政府軍とマシャル前副大統領が率いる反政府勢力による大規模な武力衝突を「戦闘行為」と認めた場合、政府軍は国に該当し、反政府勢力は国準に該当することになり、日本の国家組織である自衛隊がそのうちのどちらか、もしくは双方と撃ち合った場合、憲法で禁じた武力行使となるおそれがある。同時に「戦闘行為」の発生はＰＫＯ参加五原則の「停戦の合意」の破綻につながり、自衛隊は撤収しなければならなくなる。これが一つ目の不都合である。

二つ目の不都合は、一四年七月一日、憲法解釈を変更して集団的自衛権行使を一部解禁した閣議決定に疑問符が付くからである。このときの閣議決定項目は多岐にわたった。自衛隊のＰＫＯ参加について「参加五原則の「派遣の同意」があるなら自衛隊の前に国準が敵対するものとして現れない」との主旨の閣議決定をしている(九六ページ参照)。自衛隊の近くで起きているのが「戦闘行為」とすれば、自衛隊の前に国準が現れたことになり、閣議決定と矛盾する。その結果、「閣議決定は誤り」となりかねず、この閣議決定を反映させた安保法制との整合性が疑われることになる。「日報」が安保法制をちゃぶ台返しする事態を安倍政権が許すはずがない。「戦闘行為はなかった」と稲田氏が頑なに繰り返したのは、こうした理由からであろう。

では、本当に「戦闘行為」はなかったのだろうか。政府は国準について「系統立った組織性を有する」「支配を確立するに至った領域がある」の二点に当てはまる組織と定義する。

反政府勢力を率いるマシャル氏は一五年八月と一七年十二月、二回にわたってキール大統領との間で和平合意を成立させている。政府と交渉して協定を締結することができたマシャル氏率いる反政府勢力は「系統立った組織性を有する」とみるのが妥当だろう。

また改竄前の第十一次隊の家族説明会資料（一四八ページの図4-1）には「政府派・反政府派の支配地域」の項目があり、南スーダンの地図に政府派支配地域、反政府派支配地域がそれぞれ色分けされて描かれている。マシャル氏ら反政府勢力に「支配を確立するに至った領域がある」ことは防衛省が認定している。

稲田氏は「意味があるのは法的な意味での戦闘行為かどうかだ」と繰り返したが、法的な意味でも「戦闘行為はあった」のではないだろうか。「派遣ありき」の前に政府は事実をねじ曲げ、隊員を危険にさらし続けた。

2　稲田防衛相は真実を知っていたのか

陸自も一貫して「日報」を保管していたことが発覚

「日報」問題がいったん下火になりかけた二〇一七年三月十五日、ＮＨＫがスクープを放った。午後七時のニュース番組の画面には「「日報」陸自が電子データを一貫して保管〝消去〟指示か」の文字が現れ、「南スーダンで大規模な武力衝突が起きた際のＰＫＯ部隊の「日報」について、防衛省は、陸上自衛隊が破棄し、その後、別の部署で見つかったと説明していますが、実際には陸上自衛隊が「日報」のデータを一貫して保管していたことが複数の防衛省幹部への取材でわかりました。さらに、これまでの説明と矛盾するとして一切公表されなかったうえ、先月になってデータを消去するよう、指示が出されたと幹部は証言しています」との記事が読み上げられた。

陸上自衛隊に電子データがあることが分かったのは一月中旬で、いったんは公表に向けて準備が進められたものの、その後、これまでの説明と矛盾するため外部には公表しないという判断になり、さらに二月になってデータを消去するよう、指示が出されたというのだ。

防衛省が「日報」発見を公表したのは二月七日である。この時点で統幕だけでなく、陸上自衛隊でもみつかっていたことになる。「統幕で発見。陸自には残っていない」との説明と矛盾するから消去したのだとすれば、ウソをウソで塗り固めたことになる。

稲田氏はＮＨＫの報道があった翌十六日の衆院安全保障委員会で野党の追及を受け、「（自身が）破棄を指示することは断じてない」と関与を否定。防衛相直轄の防衛監察本部に特別防衛監察の実施を指示したことを明らかにした。

ＮＨＫは十六日には「陸上幕僚長は一月中旬に報告を受け、背広組の防衛官僚が防衛省上層部に相談、公表しない方針を陸自に伝える」と再び特報し、制服組の陸上自衛隊、背広組の内部部局（内局）が共謀した疑いを浮上させた。稲田氏ら政務三役を抜きに隠蔽工作を進めたとすれば、シビリアン・コントロールは機能不全に陥っていたことになる。

特別防衛監察は翌十七日に開始され、四カ月後の七月二十八日に結果を公表。実施の主体となった防衛監察本部は、かつての防衛施設庁幹部による官製談合事件など不祥事が相次いだことを受けて、〇七年に防衛省内に設置された。トップの防衛監察監は元高検検事長だが、独立した組織ではなく、防衛相直轄であることからどこまで真相に迫れるのか疑問視する報道もあった。

特別防衛監察の調査結果をまとめると、制服組・背広組双方による隠蔽はあったものの、稲田氏が隠蔽に関わったかどうかは「分からない」という灰色決着だった。

自らの都合で公文書を廃棄

筆者の手元にある「特別防衛監察の結果について」と題された防衛監察本部作成の報告書を読み解いていこう。

「日報は存在しない」と回答したのは、前述の布施氏の情報公開請求が最初ではなかった。

ジュバで戦闘があった直後の一六年七月十九日、別の人物からの情報公開請求があり、内局情報公開・個人情報保護室の担当者は陸幕、統幕、内局である防衛政策局の三カ所に開示請求書を送付した。陸幕の指示を受けて中央即応集団副司令官の堀切光彦陸将補は「日報」の存在を確認したものの、部隊情報の保全や開示請求が増えることを嫌い、部下に命じて陸幕担当者と調整し、「日報は個人資料なので開示しなくてもよい」として「日報」を除く公文書を開示した。

次に布施氏の情報公開請求があった。中央即応集団と陸幕は七月の開示請求と同じ対応をすることを決め、「日報」を不開示と決定。そして次にあったのが河野議員の探索指示である。

陸幕運用支援・情報（運情）部長の牛嶋築陸将補はパソコン内の「陸幕指揮システム」に「日報」を発見。部下に命じて第十次隊までの「日報」すべてを同システムから廃棄させた。一方、統幕でも背広組トップの辰己昌良総括官が統幕参事官付に「日報」があるのを確認した。この分が一七年二月七日に公表されることになる。

ただ、「日報」公表より前の一七年一月十七日、陸幕、統幕（参事官付とは別の部署）、中央即応集団であらたに「日報」が見つかっていた。同月二十七日、牛嶋陸将補は辰己総括官に「日報が個人データとして存在する」と報告。辰己総括官は海外出張中だった黒江哲郎事務次官と相談のうえ、最初にみつかった統幕の「日報」のみを稲田氏に報告した。

二月十六日、黒江事務次官は岡部陸幕長らに「陸上自衛隊に存在する日報は個人データである」として「公表する必要はない」との説明方針を提示。二月二十一日、稲田氏に対する論点の説明があり、「日報は公開しているから情報公開法上、問題はない」旨を伝え、稲田氏の了承を得た。陸上自衛隊に「日報」が存在することには触れなかったとされる。

防衛省は監察結果の公表と同時に関係者の処分も公表した。存在していた「日報」を「ない」ことにした中央即応集団副司令官は情報公開法第五条「行政文書の開示義務」違反および自衛隊法第五十六条「職務遂行の義務」違反。「ない」ことにした対応に合わせて陸上自衛隊全体の「日報」の廃棄を命じた陸幕運情部長も同じく情報公開法、自衛隊法違反。見つかった「日報」の扱いをめぐり、でたらめな対応を繰り返した統幕総括官は自衛隊法違反。統幕総括官からの報告を受け、自ら「日報」の保管状況を確認しなかった事務次官も自衛隊法違反に問われた。陸幕長は陸幕や中央即応集団への指導・監督不十分と認定された。処分は最高で停職五日(中央即応集団副司令官)から減給一カ月十分の一(陸幕長)となった。

以上が特別防衛監察の「結果」と防衛省の処分をまとめた内容である。

陸上自衛隊に存在した「日報」を隠蔽することになった原点が、中央即応集団副司令官による情報保全の意識や情報公開請求への不誠実な対応だったことにはあきれるほかない。情報保全といってもそもそも「日報」は秘密文書ではない。開示後の「日報」をみると公開して不都合になると考えられた部分は黒塗りになっている。ならば、最初から同様のやり方で開示するという考えはなかったのか。もちろん、都合の悪い箇所を恣意的に黒塗りにする行為は許されないということは指摘するまでもないが。

中央即応集団副司令官や陸幕運情部長らによって「日報」は存在しないこととされ、自分たちの判断との整合性を図るため全国の部隊に対し、「日報」の廃棄を命じた。その結果、データや紙媒体で残っていた百七十八点のうち、百四十九点が廃棄された。内局や統幕でも残っていた十六点のうち、十三点が廃棄されている。廃棄を命じられても一部残っているのは命令に背いてでも「日報を残すべきだ」と判断したのか、漫然と命令を聞き流したためなのかは分からない。ただ、命令通り大半の「日報」は廃棄されており、「歴史の証言」ともいえる公文書のずさんな扱いには失望と怒りを禁じ得ない。

防衛省・自衛隊は、存在していた「日報」を制服組・背広組それぞれの思惑で隠し、廃棄することで一致しており、組織的な隠蔽工作といえるだろう。情報公開を求められ、手間が増えるとの理由から不開示にしたのは、公文書を私物と勘違いしているばかりでなく、情報公開法の根本理念である「国民主権」を理解しないトンデモナイ対応というほかない。

「稲田擁護」のためのさらなる隠蔽

稲田氏と「日報」隠蔽との関わりについて、フジテレビは特別防衛監察の結果が公表されるより前の七月二十五日、「陸上自衛隊内で日報の電子データが保管されていた」との報告を受けていたことを示す防衛省幹部の手書きメモを入手した、と報じた。

報道によると、二〇一七年二月十三日、防衛大臣室で稲田氏や辰己統幕総括官、湯浅悟郎陸幕副長らが出席する最高幹部会議が開かれ、陸幕幹部から「日報」が電子データで残っていたことを知らされた稲田氏は、翌十四日の国会対応を念頭に「明日なんて答えよう」と発言したとある。稲田氏が当時、陸上自衛隊のデータ存在を認識していたことをうかがわせる内容となっている。フジテレビは手書きのコピーを映し出しており、やり取りは詳細だ。

報道後の二十五日夕、稲田氏は報道陣から「報告は受けていないのか」と問われ、「私はそうは認識していない」と答えた。

特別防衛監察の「結果」では、二月十三日に大臣室で最高幹部会議が開かれ、フジテレビの報道通りのメンバーが集まり、陸自における「日報」の取り扱いについて説明したことは事実と判明した。しかし、陸上自衛隊における「日報」データの存在について「何らかの発言があった可能性は否定できないものの、陸自における日報データの存在を示す書面を用いた報告がなされた事実や、非公表の了承を求める報告がなされた事実はなかった」「また、防衛大臣により、公表の是非に関する何らかの方針の決定や了承がなされた事実もなかった」とした。

「結果」は続いて、二月十五日にも防衛大臣室で最高幹部会議があり、黒江事務次官、岡部陸幕長、豊田硬《かたし》防衛大臣官房長、辰己統幕総括官が稲田氏に情報公開業務の流れについて説明がされたとする。そして十三日の記述と同様、「何らかの発言があった可能性は否定できない……」とまったく同じ文章を載せている。

防衛監察本部によると、「何らかの報告があった可能性」とは、複数の出席者が陸上自衛隊に「日報」データがあったとの発言を聞いたと証言していることを指すという。すると、稲田氏が「明日なんて答えよう」と話したとのフジテレビ報道とスムースにつながるが、稲田氏を含め別の出席者は聞いていないと回答したという。言ってもいない言葉がメモに残るとは考えにくく、陸自の「日報」データについて説明があったと考える方が自然だ。しかし、特別防衛監察は「言った」「言わない」の両論併記にとどまり、灰色決着させている。

そもそも最高幹部会議で大臣報告用の書面を作成しないことなど、あるのだろうか。証拠となる文書は最初から作成せず、口頭による説明に終始したことにより、稲田氏の関わりはあいまいになったことになる。制服組・背広組双方の幹部によって「稲田擁護」という別の隠蔽工作が行われたとみることができる。

特別防衛監察の結果が公表された後の記者会見で稲田氏は「防衛省、自衛隊を指揮監督する防衛大臣として、その責任を痛感しており、一カ月分の給与を返納することにした。さらに、そのうえで、防衛大臣としての職を辞することにした。先ほど総理に辞表を提出し、了承された」と辞任を公表した。

報道陣とのやり取りは約五十分に及び、「日報」の電子データを非公表としたことへの稲田氏の関与を問う質問が続いたが、稲田氏は「報告を受けたという認識はない」「報告はなかった」と繰り返した。

七月三十一日、稲田氏の離任式が防衛省で行われた。「蛍の光」が流れる中、職員から花束を渡された稲田氏は「みなさんに会えて本当に良かった」と語り、車に乗り込んで手を振りながら防衛省を去った。

再び稲田氏が注目を浴びるのは、一八年になって陸上自衛隊がイラクに派遣された際の「日報」が発見されたからである。同年四月二日、小野寺五典防衛相は、陸上自衛隊研究本部が同年一月に「日報」を確認したと公表した。ところが、二日後の四日には前年三月の調査で「日報」の存在を確認していたと訂正した。

研究本部で「イラク日報」の存在が確認されたのは一七年三月二十七日。稲田氏が防衛相だったころだ。「イラク日報があった」との報道を受けて稲田氏は「今日聞いて本当に驚いた。怒りを禁じ得ない」と共同通信の取材に答えている。

稲田氏は南スーダンＰＫＯ、イラクという二種類の「日報」を隠された「被害者」なのだろうか。

3　壮大な隠蔽工作

「イラク日報」も「無いこと」に

「イラク日報」をめぐる野党の追及は南スーダンPKOの「日報」の追及と同時並行する形で進んだ。二〇一七年二月二十日、衆院予算委員会で民進党の後藤祐一氏が「イラクの派遣のときの日報が残っているかどうか」とただしたのに対し、稲田氏は「確認をいたしましたが、見つけることはできませんでした」と答弁している。

奇妙なのはその後の稲田氏の行動である。「ない」と答弁した二日後の二月二十二日、防衛大臣室で辰己統幕総括官に「本当にないのか」と聞いた。辰己氏は探索の指示と受け取り、同日、部下である統幕参事官付が「RE：イラクの日報」との件名で統幕、陸幕、空幕の担当者宛にメールを送った。

その文章は曖昧である。探索の指示を直接表現した文言はなく、「大臣より「イラク日報は本当にないのか？」とのご指摘がありました」と「指示」ではなく「指摘」との表現にとどまり、「探索いただき、無いことを確認いただいた組織・部署名を本メールに返信する形でご教示いただけますでしょうか」と記している。

大臣の指摘があったので「無いこと」を確認して返事せよ、というのだ。最初からまともな探索は期待しておらず、間違っても「無いこと」を踏み越えることがないよう求めているようにとれる。

このメールが出された一七年二月二十二日は、南スーダンPKOの「日報」が陸上自衛隊にも残っていることが分かったものの、稲田氏への報告があったのか結局、不明のままとなった最高幹部会議が防衛大臣室で二回開かれた後である。

すでに国会では、南スーダンＰＫＯの「日報」をめぐる隠蔽疑惑が火を吹いていた。森友学園問題で安倍首相の妻、昭恵氏の関わりも問題視されており、安倍内閣は「日報」、森友という二つの問題で野党の追及を受けていたのである。稲田氏にこれ以上、防衛省発の問題を増やしたくないとの思いはなかっただろうか。

本気で「イラク日報」の探索を命じるならば、口頭ではなく、文書で指示を出し、すべての部隊を調査対象にするべきであり、独り言のように「ないのだろうか」とつぶやくだけではまともな指示とはいえない。「無いこと」を願う思いが腰の引けた「指摘」となったのではないだろうか。その結果、メールは陸幕と空幕の運用支援課、統幕は運用を担当するＪ３にだけ出され、予定調和のように空幕と統幕からは探索メールが出されたその日のうちに「存在しない」との返信があった。

一方、陸幕は探索範囲を広げて研究本部と中央即応集団にも追加調査を求めたが、三月十日になって、「日報は残っていない」と回答している。だが、それから十七日後の三月二十七日、研究本部で「イラク日報」が発見されたが、研究本部から陸幕総務課に報告されるのは十カ月近くも経過した二〇一八年一月十二日のことだった。

報告が遅れた理由について、防衛省の聴き取りに対し、研究本部の担当者である教育訓練課長は「南スーダンの調査だったので、イラクの日報は報告の必要があるか認識していなかった」と話したという。陸上自衛隊は第１章第１節でも書いた通り、極めて慎重な性質の組織である。「日報」の探索を求められたとすれば、「日報」などをキーワードにすべての文書や電子データを探し、報告するのがむしろ自然な対応といえる。

教育訓練課長は一等陸佐という中間管理職にあたり、その上には陸将や陸将補といった文字通りの高位高官がいる。南スーダンＰＫＯの「日報」も不開示を決めたのは中央即応集団と陸幕の陸将補二人だった。自衛隊最大の組織でもある陸上自衛隊が一等陸佐ごときに最終判断を任せるとは思えない。さらに上位の将官クラスが関わったはずである。

時の政権への「忖度」ありき

二〇一七年三月二十七日は、森友問題に加えて安倍晋三首相が「腹心の友」と呼ぶ加計孝太郎氏が理事長を務める加計学園の獣医学部開設をめぐる疑惑が表面化していた時期でもある。安倍首相は「私は、もし働きかけて決めているのであれば、やっぱりそれは私、責任取りますよ。当たり前じゃないですか」(二〇一七年三月十三日参院予算委員会)とまで述べていた。陸上自衛隊としては「イラク日報が見つかりました」と稲田氏に報告し、稲田氏が国会でその通りに答弁したとすれば、野党に追及されて火ダルマとなり、さらに安倍内閣を窮地に追い込むことになると考えたのではないだろうか。

そうした自衛隊による時の政権への忖度があることは、「イラク日報」の存在を陸幕が統幕に一八年二月二十七日に伝えたにもかかわらず、小野寺防衛相に報告が上がったのが三月三十一日と一カ月も後だったことからもうかがえる。

この間の三月二日には『朝日新聞』が「森友文書、書き換えの疑い　財務省、問題発覚後か　交渉経緯など複数箇所」の見出しで、財務省が国有地取引の際に作成した決裁文書について改竄した疑惑をスクープ。森友問題はまたまた注目を集め、三月二十七日には衆参両院の予算委員会で佐川宣寿前国税庁長官(前理財局長)への証人喚問も行われた。

小野寺氏に「イラク日報」の報告があった三月三十一日は、国会で森友問題が一服し、防衛費を含む一八年度予算が成立した三日後であり、年度末である。安倍政権を追及する材料とはなりにくい絶妙のタイミングで報告を上げたことになる。

ここまで来るとシビリアン・コントロールの不在どころか、制服組と背広組は自分たちを統制する側の政治家の危機を救うために先手を打ち続けたと考えるほかない。それは同時に、憲法第十五条で定められた「すべて公務員は、全体の奉仕者であつて、一部の奉仕者ではない」との規定に違反する行為ではないだろうか。

「イラク日報」が公表されるも……

その疑いはその後、公表された「イラク日報」によって確信に変わる。

防衛省は二〇一八年四月十六日、陸上自衛隊の「イラク日報」を公表した。しかし、宿営地にロケット弾が撃ち込まれ、危険が迫り始めた〇四年分はそっくり消えており、イラク派遣の全体像を知る文書とは到底いえない代物と成り果てていた。

陸上自衛隊のイラク派遣は〇四年二月から〇六年七月まで二年半に及び、延べ五千六百人の隊員がイラクに送り込まれた。イラク特別措置法にもとづき、施設復旧、給水、医療指導といった人道支援活動を行った。

憲法で禁じた武力行使にならないよう、米軍が戦闘を続けるバグダッドから離れた南部を選び、しかもイラク諸州の中でもっとも人口密度の低いムサンナ州の州都サマワ市に宿営地を置いた。小泉首相が「自衛隊が活動している地域は非戦闘地域だ」と国会で大見得を切ったにもかかわらず、派遣期間中には十三回二十二発のロケット弾が宿営地に向けて発射され、うち三発が宿営地内に落下。一発はコンテナを突き抜けたことが分かっている。死傷者こそ出なかったが、隊員は常に襲撃の恐怖にさらされていたことになる。

派遣部隊は人道支援活動を行う復興支援群（約五百人）と、復興支援群のために地元政府と交渉する復興業務支援隊（約百人）という二つの部隊からなっていた。「日報」はそれぞれの部隊で作成され、毎日、インターネット回線を通じて陸上幕僚監部運用課（現・運用支援課）に送られた。

防衛省が十六日に公表した「日報」のうち、復興支援群の分は陸上幕僚監部衛生部に保管され、比較的、日にちが揃った分でさえ、〇五年三月二十三日から〇六年七月十九日まで。より古いものは陸上自衛隊研究本部にあった〇四年三月一日の「日報」、次に古いのは陸上幕僚監部防衛課にあった〇四年七月十四日、続いて九月二十二日、〇五年二月二十六日の「日報」だった。復興業務支援隊の「日報」にいたっては〇四年一月二十日から同年二月二十九日までの分しかなかった。

つまり、〇四年三月二日から〇五年三月二十二日まで一年分の「日報」は〇四年七月十四日、九月二十二日、〇五年二月二十六日の三日分を除き、ごっそり消えているのである。

隠蔽されたイラク派遣の実態

この時期は部隊がサマワに宿営地を建設し、活動を始めたものの、ロケット弾攻撃にさらされ、隊員たちが戦場に放り出された気分になっていた時期にあたる。「消えた日報」が存在するならば、どのような内容が記されているだろうか。

当時を振り返ると、最初にロケット弾が発射されたのは〇四年四月七日だった。同月二十二日には同じサマワに駐留していたオランダ軍の宿営地がロケット弾攻撃を受け、さらに同月二十九日には自衛隊宿営地に二回目のロケット弾攻撃が仕掛けられた。八月十日には三回目の宿営地攻撃があり、同月二十一日から二十四日まで三夜連続してロケット弾が発射されている。近隣のルメイサ市ではオランダ兵が殺害される事件も起こり、すでに公表されている「イラク復興支援活動行動史」には「サマーワの治安情勢は一時悪化した」と記されている。

十月二十二日にも宿営地へのロケット弾攻撃があり、同月三十一日にはロケット弾が鉄製のコンテナを貫通して土嚢に当たり、宿営地外へ飛び出している。年が明けて〇五年一月十一日には早速、この年最初のロケット弾が宿営地に命中した。

二〇〇四年は自衛隊が攻撃対象となったばかりではなかった。イラク警察幹部が殺害され、オランダ軍部隊への手榴弾攻撃があり、イラクと日本の友好を記念したモニュメントが破壊された。

イラク全土に目を向ければ、その後解放されたものの、日本人ボランティアの高遠菜穂子さんら三人がファルージャで誘拐され、バグダッドでは民間人の香田証生さんが拉致され、殺害された。ともに武装勢力は自衛隊のイラクからの撤収を要求していた。

「日報」は〇四年二月八日に先遣隊がサマワに到着したその日から陸上幕僚監部に送られ続けたはずだが、残っているのは、先述の分を除けば、〇五年三月二十三日以降の分だけなので（しかも同日以降の分も欠けている日付がある）、公開された「日報」を見ても治安状況が少しずつ悪化していった様子は分からない。

隊員たちが肝に命じていたのは「政治に撤収を決断させるような事態を招かないこと」（当時の先崎一陸上幕僚長）である。部隊は進退窮まったに違いない。

支援を求められた陸上幕僚監部は、ひそかに山梨県の北富士演習場にサマワと同じ配置と設備の仮想宿営地を建設し、ロケット弾を撃ち込んで隊員に危害が及ばないか検証した。それを受けて、現地のテントは鉄製のコンテナに変わり、さらにコンテナは屋根と壁を土嚢で囲んで要塞化された。要塞化の作業に一年半を要している。

このように自衛隊の活動が変化していく原点となったロケット弾攻撃に関する記録は、〇五年三月二十三日以降の「日報」からも、ほぼ「日報」ごと消えているのである。〇五年の「日報」の一部には、ロケット弾攻撃は「ＩＤＦ（間接照準射撃）」と表記されているが、これは宿営地が要塞化された後の記録である。

二〇〇五年六月二十三日の「日報」には、サマワ市内を走行中だった自衛隊車両四台が仕掛け爆弾による攻撃を受け、一部車両が損傷した事案が記載されている。しかし、隊員らが次の攻撃に備え、実弾を装塡した事実は書かれておらず、「本事案の評価」の部分は大きな黒塗りとなっている。

またこの「日報」には「別途、第一報〜第三報として陸幕に報告済み」とあるが、肝心の「第一報〜

第三報」の文書は公表されていない。

公開された「日報」は派遣期間の五五％分が欠落しているうえ、残った「日報」も不完全。これでは歴史の検証に耐え得る公文書と呼ぶことは到底できない。

イラク派遣当時の小泉首相は「非戦闘地域への派遣である」と明言。宿営地がロケット弾攻撃にさらされ、野党から追及された当時、小泉首相は「直ちにサマワ周辺が非戦闘地域の要件を満たさなくなったとは考えていない」（二〇〇四年十一月二日衆院本会議）などと苦しい答弁を繰り返している。それでも撤収に際して会見した小泉首相は「このイラクに対して行った様々な措置、正しかったと思っています」と述べ、イラク派遣を「成功」と位置づけた。

陸上自衛隊は、こうした政治状況をまさに忖度し、「非戦闘地域」への派遣が否定される事実が書き込まれた「日報」を「残さない」と決めたのではないだろうか。不都合が生じかねない〇四年分はすべて廃棄し、イラク派遣をめぐる野党の追及が緩んだ〇五年以降はルーズに管理した結果が、このような「不完全な日報」ということなのだろう。

防衛省が公表した「イラク日報」は、指揮命令系統では枝葉にあたる研究本部や衛生部から発見された。部隊から「日報」を受け取っていた、いわば木の幹にあたる運用課（運用支援課）にたった一日の「日報」さえ残ってないのは、どう考えても不自然にすぎる。研究本部で十カ月にわたり、「イラク日報」が隠されたのと同様に「日報廃棄」の判断は運用課長の一等陸佐クラスで決められるものではない。組織ぐるみで腹をくくったと考えるほかない。

政治家に「貸し」をつくり、政治家を陰で操る

危険だった戦地への派遣が「成功」で終わった意味は小さくない。

イラク派遣は期限を定めた特別措置法が根拠だったが、安倍晋三首相は二〇一五年、自衛隊の海外活動を拡大する安全保障関連法を成立させた。恒久法なのでいつでも派遣可能となり、さらに活動地域も「現に戦闘が行われている現場以外」と事実上、「戦闘地域」への派遣を認めている。「非戦闘地域」での活動の危険性が広く認識されていたとすれば、「戦闘地域」への派遣は浮上しなかったかもしれない。

「イラク日報」問題で、小野寺防衛相は調査チームのトップに政務三役の一番下にあたる政務官を充てた。南スーダンＰＫＯの「日報」の調査で元高検検事長がトップを務める防衛監察本部による特別防衛監察が実施されたのと比べ、調査が生ぬるいと批判され、元高検検事長の弁護士を加えたが、どこまで本気だったのか。開いた三十四回の会合のうち、この弁護士が出席したのは六回だけ。最後まで稲田氏からの聴取は行わなかった。

防衛省は二〇一八年五月二十三日、調査結果を発表し、「組織的な隠蔽はなかった」と結論づけた。組織的では「ない」にもかかわらず、背広組トップの豊田硬事務次官を口頭注意、制服組トップの河野克俊統幕長を訓戒とするなど計十七人を処分した。組織的ではなく、自発的に隠蔽に関わった背広組・制服組が十七人もいる防衛省・自衛隊という組織の異常ぶりはどうだろう。安倍政権はこの自衛隊を憲法で明記するというのだ。

国会対応への懸念が影響した可能性について報道陣に問われた防衛省の担当者は、「聴き取り調査の内容は具体的には答えられない」と言葉を濁した。

「消えた一年分」の「日報」の探索は調査の対象外だったことを理由に、引き続き「ない」ことになった。イラクに派遣された陸上自衛隊員は現職、退官者を含め五千六百人もいる。彼らにとっては最初で最後の命懸けだった「戦地」派遣の記録である。個人的に保管している分まで調査対象に加えれば、必ず、派遣期間すべての「日報」が見つかるはずである。

防衛省がそうしないのは、それが時の政権を忖度した陸上自衛隊に対する「最低限の礼儀」と考えているからかもしれない。

南スーダンPKOとイラクの「日報」をめぐる防衛省・自衛隊の対応は「シビリアン・コントロールの不在」との紋切り型の言葉だけでは到底説明できない。背広組・制服組による組織挙げての隠蔽工作は確かにシビリアン・コントロールの不在といえるが、時には防衛相を巻き込んで「時の政権」を守っている。

政治家の立場を忖度するのは、忠誠心を背景にした無私の行為にみえる。しかし、忖度の背景に見返りを求める出世欲が潜んではいないか。真実を明らかにしないことで政治家に恩を売って自らの立場を擁護し、個人や組織の利益につなげる思惑はないだろうか。忖度の結果、政治家に「貸し」をつくり、自衛隊の立場や自衛隊の主張を政治に反映させやすくする。こうした「逆シビリアン・コントロール」が日々、実践されている様子からは防衛省や自衛隊幹部の「政治将校化」が透けてみえる。

そうした行為は、自衛隊という国家組織の私的利用にあたり、その危険性は広く認識され、警戒されなければならない。安倍首相は「『自衛隊は、違憲かもしれないけれども、何かあれば、命を張って守ってくれ』というのは、あまりにも無責任です」として自衛隊の憲法上の明文化を主張するが、それほど自衛隊という組織は単純ではない。政治を陰で操ることはあっても、理不尽な命令に唯々諾々と従うなど想像さえできない。二十三万人というわが国で最大の人員を抱える武力集団のしたたかさを首相は理解していない。

4　突然の撤収命令の裏で

唐突な撤収命令

幕引きは突然だった。

二〇一七年三月十日、南スーダンの首都ジュバ。前日、柴山昌彦首相補佐官が日本からやって来ると聞かされた第十一次隊は宿営地で整列した。柴山氏は唐突に「活動の終了」を告げた。

「日本から情報はなかった。補佐官から訓示をもらってはじめて撤収を知った」と第十一次隊を率いた田中仁朗一佐。帰国後、統合幕僚監部防衛計画部計画課長に就任した田中一佐は筆者のインタビューに応じ、「撤収との言葉を聞いた感想を」との問いに、やや憮然とした表情で「ありません」とだけ答えた。

本来業務の施設復旧に加え、第一次から第十一次までの部隊が派遣された中で唯一、「駆け付け警護」「宿営地の共同防護」といった、ＰＫＯに参加した他国の歩兵部隊が担う治安維持まで命じられた挙句、今度は何の前触れもなしに「活動を終わりにして帰れ」と言われたのだ。「柴山氏は撤収を告げるために十日に来て、十日に帰ったのか」との質問には「確かそうだった」と短く答えた。

陸上自衛隊は、過去のＰＫＯで作業終了と撤収の段取りは一年も前に決めてきた。その日に合わせて持ち込んだ重機類の操作方法を地元の住民に教育し、最後は現地政府に重機や宿営地の建物、設備を譲渡して自衛隊が去った後でも施設復旧が続けられるようにするのが、東ティモールＰＫＯ以降の幕引きのあり方だった。南スーダンＰＫＯの撤収がいかに異例だったかは、首相補佐官による訓示が部隊の聞いた初めての撤収の指示だったことから明らかだろう。

柴山氏は部隊に撤収を伝える直前、キール大統領と会って、自衛隊を撤収させる旨を伝える安倍首相の親書を手渡した。自衛隊は撤収するが、日本政府は引き続き、南スーダン政府を全力で支援するとの内容だったとされる。

撤収は首相官邸主導で根回しもなく進められ、南スーダン政府はもちろん、日本国内でも外部に漏れることはなかった。

安倍首相は心配していた。「大統領は自衛隊を歓迎していただけに、突然、撤収を知らされたら激怒するのではないかと不安だったのです」（首相周辺）。キール氏はあっさり了承し、何事も起きなかった。

政権維持のために利用された撤収の決定

安倍首相が撤収方針を表明したのは三月十日午後六時過ぎ。森友学園の籠池泰典理事長が記者会見を開き、テレビ中継されている最中だった。籠池氏の顔にかかるように「撤収を命令」の文字がテロップで流れた。防衛記者会の中では「ええっ」と突然の発表に驚きが広がり、「なんでこのタイミングなんだ」と疑問を口にする記者もいた。

この日午前には韓国の朴槿恵《パククネ》大統領が罷免され、夕方は森友学園の籠池理事長退任と小学校認可申請の取り下げ発表があった。翌十一日は東日本大震災の発生から六年目にあたる。十一日のテレビニュースや新聞朝刊がこれらの記事で大混雑するのを見越し、撤収の扱いが小さくなるのを狙って発表したのは明らかだ。

このころ国会では南スーダンＰＫＯの「日報」問題が騒がれていた。廃棄したとされる施設部隊の「日報」が保管されていた事実が判明、野党は「隠蔽工作だ」と追及した。稲田防衛相が「日報」にあった「戦闘」を「衝突」と言い換えたことも問題視されたことなどは前述した。

一方、森友問題は高い支持率を背景に安定した政権運営を続けてきた安倍首相にとって初のスキャンダルであり、深刻な問題だった。安倍首相の妻、昭恵氏の関与が疑われていたが、当初、安倍首相に危機感はなかった。

安倍首相は「うちの妻が名誉校長になっているということについては承知をしておりますし、妻から森友学園の先生の教育に対する熱意はすばらしいという話を聞いております」「いわば私の考え方に非常に共鳴している方」(ともに二〇一七年二月十七日の衆院予算委員会)と述べて、籠池氏の教育方針を絶賛していたほどである。

ところが、一七年二月二十四日の衆院予算委員会では学園が開校を目指している小学校を「安倍晋三記念小学校」とする申し出を断ったと説明する答弁の中で「この方は非常にこだわるというか、そう簡単に引き下がらない方」「非常にしつこい中において、非常に何回も何回も熱心に言ってこられる中にあって……」と述べ、一転して籠池氏を突き放している。

わずか一週間で、がらりと評価を変えたのは、森友問題の核心部分の追及が始まった時期と重なる。森友学園に国有地を格安に払い下げた問題で、財務省と国土交通省が地下に埋設されているゴミをすべて撤去した場合で算定したと説明。ごみの撤去費八億千九百万円の値引きが適正なのか、野党による追及が始まった。

安倍首相は今では、うかつな言動は避けなければならないと内心忸怩たる思いでいるのではないだろうか。森友問題をめぐっては「私や妻が関係していたということになれば、まさに私は、それはもう間違いなく総理大臣も国会議員もやめるということははっきりと申し上げておきたい」(二〇一七年二月十七日の衆院予算委員会)と宣言した。

さらに南スーダンPKOについて、自衛隊に死傷者が出た場合、「首相を辞任する覚悟はあるか」と民進党の江田憲司氏に詰め寄られ、「もとより、最高指揮官の立場に立つ上においてはそういう覚悟を持たなければいけないんですよ。私はそういうことを申し上げている」(二〇一七年二月一日の衆院予算委員会)と答弁している。

つまり安倍首相は森友学園、南スーダンPKO日報という二つの問題に関連して、「場合によっては首相を辞任する」と自ら国会で宣言したのである。森友問題は過去の出来事であり、今さらどうにもならない。しかし、南スーダンPKOの問題は将来、発生するかもしれない死傷者に対する責任の取り方であり、今ならどうにでもなる。そこで治安悪化が著しい南スーダンからの自衛隊撤退を決断し、首相辞任の条件のうちの一つを解消したのではないだろうか。

そうだとすると森友問題が表面化することがなければ、南スーダンPKOからの撤収はなかったかもしれない。仮にいずれ撤収するとしても、陸上自衛隊のやり方で施設復旧の作業を地元政府に委ねる形となり、「足跡の残るＰＫＯ派遣」となっていたことだろう。

安倍首相は「駆け付け警護」「宿営地の共同防護」を新任務として与えることも、撤収の時期を決めるのもシビリアン・コントロールだと考えているかもしれない。自衛隊という軍事組織の活用は政治の延長線上にあり、その意味ではいつ撤収させるかについても安倍首相の判断は尊重されなければならない。

しかし、安全保障関連法の施行に伴い、適用第一号を南スーダンＰＫＯで出そうとするあまり、現地の治安状況を「比較的落ち着いている」と決めつけて新任務を命じたのも安倍政権である。そして今度は新任務の付与からたった四カ月後の撤収命令だ。自衛隊を私兵のように考えているように思えてならない。

安倍首相の唐突な撤収表明により、野党の追及は一時終息へと向かった。安倍政権の不安材料のひとつが消えた瞬間だった。

忘れてならないのは、撤収を発表する三カ月前の二〇一六年十二月二十四日、日本政府は南スーダンへの武器禁輸などの制裁を科す国連安全保障理事会の決議案の採決で棄権したことである。その結果、賛成七カ国、棄権八カ国となり、決議案は否決された。

制裁決議案は「民族対立が虐殺につながりかねない」と主張した米政府主導で進められた。賛同を迫られた日本政府は南スーダン政府との良好な関係が崩れることを嫌い、珍しく米国の要請に応えなかった。

別所浩郎国連大使は「南スーダン政府が前向きに取り組もうとしている時に制裁を科すのは逆効果だ」と棄権した理由を説明したが、棄権の背景には、新任務「駆け付け警護」を付与したばかりという日本側の事情があった。自衛隊員の安全を確保しつつ新任務を遂行するには、南スーダン政府の協力が不可欠だと考えたからである。

また岡村善文国連次席大使は、制裁決議案について「生産的でない」と報道陣に述べ、自衛隊に友好的な態度をとっているキール大統領を追い込むべきではないとの見解を示した。自衛隊の派遣継続を最優先させるあまり、虐殺防止の役割を果たせないとすれば、本末転倒というほかない。

提案者のパワー米国連大使は「棄権した国々の決定に対して歴史は厳しい判断を下すだろう」と怒りをあらわにした。自衛隊の撤収後も南スーダンの治安は回復していない。武器禁輸などの思い切った制裁措置がなければ、抜本的な改善は望めない。あのとき、日本政府が賛成に回っていれば、禁輸は実現したはずである。事実、制裁決議案は日本が国連安保理非常任理事国から外れた後の一八年七月十三日になって、ようやく採択された。

国連安保理決議案採決を日本が棄権した時点では、安倍首相の頭の中にはおそらく「撤収」の二文字はなかっただろう。派遣継続のために採決を棄権し、なぜ棄権したのか忘れたかのように突然、撤収を決断する。支離滅裂である。安倍支持層は「外交の安倍」ともてはやすが、安倍外交の正体はこんな場面に現れている。

何のための派遣だったのか

このときの現地の状況はどうだったのだろうか。田中一佐はこう言う。

「十一月中旬に派遣されたころは毎晩、銃声が響いていた。十二月下旬になり、南スーダン政府が治安維持に本腰を入れると銃声はほとんど聞こえなくなりました」

治安は一時的とはいえ劇的に改善され、第十一次隊は年明けから活動を本格化させた。

補修した道路は約百八キロメートルと第十次隊までの平均十五キロメートル弱と比べて圧倒的に長く、安全に活動できたことを裏付ける。孤児院の慰問、空手大会の支援など地元との交流もあった。すべてを断ち切るように撤収命令が出されたのだ。

菅官房長官は三月十日の会見で「昨年九月ごろから今後のあり方をどうすべきかとの問題意識から、国家安全保障会議を中心に検討を行ってきた」と語ったが、撤収が間近に迫っているなら、なぜ「駆け付け警護」「宿営地の共同防護」を命じたのか。駆け込みで新任務を命じ、安保法制の既成事実化を図る狙いがあったと告白したのも同然だろう。さらに菅氏は派遣が五年を越えて長いこと、道路補修した距離が過去最長になったことなど実績面を撤収の理由に挙げた。

だが、自衛隊が行ったのは砂利をブルドーザーで踏み固めるだけの簡易舗装にすぎない。現地は十一月から三月までは乾期、それ以外は雨期にあたる。田中一佐は「雨期を迎えると補修した道路が流されるので乾期にやり直す。その繰り返し」と打ち明ける。

活動は南スーダンの復興に役立ったのだろうか。およそ五年間の派遣期間に施設部隊が補修した道路の総延長は東京―名古屋間に匹敵する約二百五十六キロメートルに及んだ。しかし、稲田防衛相がジュバ視察の際、利用した道路が何度か自衛隊によって補修を繰り返された道路だったように終わりのない

南スーダンのジュバでは，雨期になると道路は泥沼化してしまう（2012 年 7 月）

作業を続けていたのである。

第十次隊長の中力修一佐は、国連がアスファルトの購入費用を負担しない理由について「ＵＮＭＩＳＳとしては南スーダン全体の復旧を急ぐので、ジュバに重点的に資金を投下するわけにはいかないとの説明を受けた」という。すると自衛隊は雨期になればぬかるみに戻ることを知りながら作業を続けたことになる。

政府はＰＫＯ参加五原則のほか、「隊員の安全が確保できること」「有意義な活動が実施できること」の二つを派遣継続の条件としている。果たして南スーダンＰＫＯはこの二つの条件に合致していただろうか。

撤収命令を受けた時点の第十一次隊の活動について、田中一佐は「現場の部隊はＵＮＭＩＳＳからいわれた施設作業をやっていた。できるだけ早く終了させて撤収できる態勢になること。できるだけＵＮＭＩＳＳに貢献して下がること。この二つに留意した」と話す。

三月十日以降、これまでのような地元政府への重機提供ではなく、ＵＮＭＩＳＳに重機を寄贈することとし、ＵＮＭＩＳＳ要員に対して重機の操作方法を大急ぎで指導した。「ＵＮＭＩＳＳから求められた作業を終えてから撤収したい」との田中一佐の申し出を受けて、日本政府は派遣期間を延長し、五月末までとした。最後は後送支援隊が現地に派遣され、結局、陸上自衛隊の全員が南スーダンを後にしたのは二〇一七年七月になっていた。

撤収により、ジュバの道路が再び悪路に戻るのは必至である。そうなれば、何のための派遣だったのか。道路状況の改善により、人とモノが自由に行き来することで南スーダンの発展に寄与するという当初の目標は「未達成」となる。高い技術を誇る施設部隊は十分な成果を残せなかったことになり、隊員たちはさぞかし無念だろう。

安倍政権にとっては「駆け付け警護」「宿営地の共同防護」の新任務を付与したことにより、「安保法制が初適用された」という実績を残せたことになる。今後もＰＫＯ派遣の度に政府はこの二つの任務を自衛隊に命じ、施設作業や輸送調整といった後方部門に力を入れたい陸上自衛隊を悩ませることになるだろう。

反省材料は多いにもかかわらず、南スーダンＰＫＯはすでに風化したようにみえる。次のＰＫＯ派遣を求める声が、自衛隊の海外派遣を求め続けた政府・自民党から上がらないのは不思議というほかない。

5　派遣差し止め訴訟は何を問うのか

ある自衛官の母親が起こした訴訟

「現代戦闘とは『効率的な殺人』にほかならない」「二〇一〇年以降、武装勢力は止血困難な骨盤付近を狙うようになった」「全隊員に支給している救急品では対応できない」

南スーダンPKOへの派遣差し止めを国に求めた訴訟の第三回口頭弁論が二〇一七年十月十七日、札幌地裁であった。

訴えているのは陸上自衛官の息子を持つ五十代の母親だ。平和への願いを込めて「平和子《たいらかずこ》」を名乗る。原告席で弁護士の陳述に聞き入っていた平氏は閉廷後、「胸がつぶれる思い。こんな思いを誰にもさせたくない」と話した。

「息子は「災害救援で頑張る。いざというときには家族を守る」と誓って自衛官になった。南スーダンPKOは「日本の防衛」という本来任務からどんどん外れていっている。いても立ってもいられなかった」

平氏が裁判に訴えたのは一六年三月に施行された安全保障関連法がきっかけ。南スーダンPKOに派遣されている陸上自衛隊は、武装勢力に襲われた民間人を救出する「駆け付け警護」や他国の宿営地が襲撃された場合に守る「宿営地の共同防護」が可能になった。以前なら憲法違反の武力行使とみなされ、できなかった任務だ。

平氏は「迷惑をかけるといけない」との思いから、息子一家との交流を断った。息子は派遣されなかったが、自衛官の家族として「平和のうちに生存する権利」を侵害されたとして、二十万円の国家賠償も求めている。

憲法前文に登場する「平和的生存権」はお題目ではなく、具体的権利性があると述べた判決がある。二〇〇八年四月、自衛隊のイラク派遣をめぐり、名古屋高裁は「平和的生存権」に言及し、「戦争への加担など憲法九条に違反するような国の行為に対し、裁判所に救済を求めることができる場合がある」とした。同時に判決は、航空自衛隊がイラクで行っていた米兵の空輸について「米軍の武力行使と一体化しており、憲法違反」との判断も示した。政府は「判決の傍論にすぎない」として米兵の空輸を継続させたが、判決の八カ月後、全隊員が撤収して活動を終えた。

この判決文を書いた青山邦夫裁判長は判決を前に依願退職した。法科大学院である名城大学法務研究科教授に転じ、弁護士となった青山氏はマスコミの取材を受けてこなかった。その青山氏が弁護士として南スーダンＰＫＯ訴訟の原告側弁護団の中にいる。

今にも泣きだしそうな雲が広がる中、平氏と札幌地裁へ向かう青山氏に弁護団入りの理由を聞いた。「平さんがいるからです。裁判では「憲法違反だ」というだけでは足りず、具体的な損害を立証できないと勝てない。平さんは親として権利を主張できる。リアリティのある裁判だと思う」「なし崩しが一番いけない。その意味で日本の戦後は、憲法をなし崩しにしてきた。法律家として見過ごすわけにはいかない」

被告の国側は、五月に南スーダンから部隊が撤収したことを理由に裁判所に門前払いを求めた。だが、南スーダンでは現在も四人の幹部隊員がＰＫＯ司令部で活動を続けている。

変質するＰＫＯと派遣に慎重な先進国

防衛省は南スーダンＰＫＯの撤収後、部隊派遣が可能なＰＫＯを探した。キプロスＰＫＯやレバノンＰＫＯが浮上したが、ともに安定したＰＫＯで、撤収する国がなければ自衛隊を受け入れる余地がないと分かり、検討は棚上げされている。

自衛隊のPKO参加は一九九二年に始まり、すでに四半世紀が過ぎた。自衛隊派遣が始まった当時、武力行使をしない活動だったPKOは、住民らの保護を理由に武力行使を認める活動に変わり、憲法九条の制約を受ける自衛隊の派遣は困難になりつつある。

現に南スーダンPKOの目的も当初の「国づくり」が内戦勃発を受けて「文民保護」に変化した。PKO参加五原則は自衛隊の活動が憲法に抵触しないようにする歯止め策だが、南スーダンでは「停戦の合意」が破られた疑いが濃厚であるにもかかわらず、派遣を継続したい政府が「破られていない」と主張した結果、派遣された部隊が「戦闘への巻き込まれに注意が必要」と記録するほどの薄氷を踏む活動となった。

南スーダンPKOからの部隊撤収により、二〇一八年三月末現在、日本のPKO派遣要員数は百十一位(四人)と大きく後退した。アフリカの地で日米と覇を競う中国の第十一位(二千四百三十五人)と比べるべくもない。部隊派遣をやめている米国の第七十三位(四十七人)と比べてもさらに下位にある。

ただ、PKOが武力行使容認タイプに変質したことの影響は先進国全体に現れている。G7(先進七カ国＝米、英、独、仏、日本、カナダ、イタリア)のPKOへの派遣状況をみると、二十年前の一九九八年にはベスト二十位にフランス(九位)、米国(十二位)、英国(十三位)、カナダ(十四位)、ドイツ(二十位)と五カ国が入っていたが、十年前の二〇〇八年にはイタリア(十位)、フランス(十三位)と二カ国に激減。そして一八年はイタリア(二十位)の一カ国のみとなっている。

G7を合計した要員数がPKO全体の要員数に占める割合は一九九八年一六％、二〇〇八年六％、一八年四%と減り続けている。〇八年のＰＫＯ要員の総数が一万四千三百四十七人から一八年には九万千五十八人と六倍以上になっており、Ｇ7各国は要員数を増やしているものの、上位を占めるアジア、アフリカ諸国の増員のペースには及ばない。

先進国と発展途上国とでＰＫＯへの取り組みに濃淡が見られるのは、ＰＫＯの危険性が高まり、先進国が派遣をためらうようになったこと、また派遣人数に応じて国連から派遣国に支払われる費用は先進国から見れば少なく、発展途上国から見れば多いため、発展途上国の積極的な参加が目立つようになったことによる。一八年の派遣要員は多い順にエチオピア、バングラデシュ、ルワンダ、インド、パキスタンとなっている（二〇一八年六月三十日現在、国連ＰＫＯのホームページより）。

ちなみに中国は四十九位（一九九八年）、十四位（二〇〇八年）、十一位（二〇一八年）と順位を挙げ、国際社会への進出意欲が著しいことが分かる。

望まれる自衛隊の姿とは

こうしてみると先進国の中で日本だけがＰＫＯに慎重というわけではない。国際貢献の分野で日本らしい特徴を出すには、安定的なＰＫＯへの参加を通じて「国づくり」「人助け」を行うのが一番であろう。そうした条件が整わないとすれば、第1章第3節で述べたように能力構築支援に現状よりも積極的に取り組み、各国軍隊がＰＫＯや災害救援の際に活躍できる技術を指導する方法もある。現在のＰＫＯは十四カ国・地域で展開されており、うち半数の七カ所をアフリカで占める。その意味では自衛隊がアフリカ諸国に対し、重機の操作法を指導し、周辺国による速やかなＰＫＯ派遣につなげる試みは重要性を増している。

また米軍との共同行動にあたる「パシフィック・パートナーシップ」を通じたアジア諸国に対する支援活動は、今後、法的基盤を整え、ＮＧＯの協力をさらに得て「オール・ジャパン」の態勢で実施するべきではないだろうか。国際災害に出動する国際緊急援助隊としての活動も今まで通り、十分な待機態勢を維持する必要があるだろう。

次のＰＫＯに参加する際、安全保障関連法が廃止されない限り、南スーダンＰＫＯで既成事実化された「駆け付け警護」「宿営地の共同防護」が任務に追加されるのは確実である。本書で繰り返し述べた通り、「駆け付け警護」は一義的には当該政府の役割であり、次にはＰＫＯの歩兵部隊の役割である。憲法の制約に加え、もともと施設復旧を得意とする自衛隊に馴染むはずがない。「宿営地の共同防護」は売られてもいないけんかを自ら買って出るに等しく、自衛隊が巻き込まれる状況になる前に撤収するのが筋である。

安倍政権は長年、政府・自民党が求めてきた自衛隊の「軍隊としての活動」を具現化した最初の政権といえるかもしれない。自衛隊は今後、ＰＫＯに送り込まれるたびに「駆け付け警護」「宿営地の共同防護」を命じられ、そのことにより、隊員がＰＫＯへの参加をためらうという倒錯した事態を招くことになるだろう。

自衛隊が勇ましく突き進む「軍隊」に変化することを国民の誰が、また日本周辺のどの国が求めているだろうか。それよりも安全保障環境の安定を目指し、慎重に振る舞う自衛隊であり続けることこそが国際社会の求める日本の姿であり、国民の期待する自衛隊像であろう。道を踏み外してはならない。

おわりに——三等空佐の暴言事件が浮き彫りにする危機

本書の執筆中に民進党の小西洋之参院議員が、統合幕僚監部で勤務する三等空佐から暴言を浴びせられる事件があった。

防衛省によると、三佐は二〇一八年四月十六日夜、東京・永田町の参院議員会館前をジョギングしていて小西氏と遭遇。小西氏によると、三佐は自衛官と名乗ったうえで「お前は国民の敵だ」などとののしったという。小西氏がその場から防衛省の人事教育局長に電話で連絡したところ、最終的に発言を撤回した。

小西氏は翌日の参院外交防衛委員会で「自衛隊員として許されない」と防衛省に事実関係の調査を求め、小野寺五典防衛相は「適正に対応する」と応じた。統幕トップの河野克俊統合幕僚長は同日、小西氏に謝罪した。

ここから「言った」「言わない」の水掛け論になる。防衛省の聴き取り調査に対し、三佐は「馬鹿」「気持ち悪い」などの暴言は認めたが、「国民の敵」との発言は否定。双方の主張や幹部の証言を併記して最終報告とした。

防衛省は自衛隊法第五十八条の「品位を保つ義務」を定めた規定に違反するとして、三佐を訓戒処分とした。訓戒は懲戒処分ではなく内規に基づく処分にすぎず、八段階ある処分のうち三番目に軽い。防衛省は「反省、謝罪していることや過去の事例を勘案した」と説明、統幕から総務部付にした三佐を航空自衛隊西部航空方面隊司令部（福岡県）に異動させる人事も発表した。

甘い処分と言わなければならない。防衛省・自衛隊を取材して三十年近くになるが、現職の自衛官が国会議員に暴言を浴びせる不祥事は初めてである。防衛省の処分に時間がかかったのも過去に類似例がなかったためだ。

今回の処分がいかに甘いかは、一六年一月の参院予算委員会に、防衛省幹部三人が大雪で遅刻した時の処分が同じ訓戒だったことと比べれば分かる。三佐の言動は政治家が自衛隊を統制するシビリアン・コントロールの原則から明らかに逸脱している。それを遅刻と同じ処分で済ませていいはずがない。

防衛省は民主党政権当時、日米共同訓練の開会式での訓示で「「信頼してくれ」という言葉だけで（日米同盟は）維持されるものではない」と述べた陸上自衛隊第四十四普通科連隊長の一等陸佐を訓戒処分としたのを参考にしたという。このときの訓示は鳩山由紀夫首相が日米首脳会談で、米軍普天間飛行場移設問題をめぐり、オバマ大統領に「トラスト・ミー（私を信じて）」と伝えていたことを批判したものだ。

このとき一佐は陸上自衛隊の普通科出身ならば、誰でも憧れる連隊長のポストを更迭されており、人事的にも処分された。統幕の三佐は人事的な処分もなく、同列の処分とはとてもいえない。

三佐は「国民の敵」とは言っていないと主張したが、「あなたがやっていることは日本の国益を損なう」との発言は認めた。「国益を損なう」と述べたことを認めたにもかかわらず、自衛隊法第六十一条に定めた「政治的行為の制限」に違反すると認定しなかったのはなぜなのか。

防衛省の聴取に三佐はこうも述べている。

「私は（中略）、小西議員に対しては、総合的に政府・自衛隊が進めようとしている方向とは、違う方向での対応が多いという全体的なイメージで小西議員をとらえていました」

政府とは「政治を行う機関」（『大辞林』第三版）であり、自衛隊はその政治に従う組織である。その政府と自衛隊を一体と考えているから、政府批判＝自衛隊批判という勘違いが生まれる。

小西氏は安全保障関連法に強く反対、政府が集団的自衛権行使を容認する際に持ち出した「昭和四十七年政府見解」について「集団的自衛権行使を認める論理は、影も形もありません」と強く否定している。「昭和四十七年政府見解」とは、一九七二年十月十四日、参院決算委員会に対して政府から出された資料「集団的自衛権と憲法との関係」の中で示されたもので、自国の平和と安全を維持するために個別的自衛権を認め、さらに「外国の武力攻撃によって国民の生命、自由及び幸福追求の権利が根底からくつがえされるという急迫、不正の事態に対処し、国民のこれらの権利を守るための止むを得ない措置としてはじめて容認されるものである」として、集団的自衛権の行使を憲法上許されないとしている。

ところが、安倍政権は「外国の武力攻撃」が誰に対して行われるかが明記されていないと主張し、同盟国への武力攻撃も自衛権の発動になるとして、強引に集団的自衛権行使容認の閣議決定へと結びつけたのである。こうした政府の対応を批判する小西氏を、三佐は「政府・自衛隊とは違う方向での対応が多い」と認識していたという。これは「政治的行為」にほかならない。

防衛省の甘い処分はシビリアン・コントロールをいっそう形骸化させる。安倍首相が憲法に自衛隊を書き込む案について、河野統幕長が「統幕長という立場から言うのは適当ではない」としながらも「ありがたい」と述べた問題で、安倍内閣は「政治的行為にあたらない」との判断を閣議決定している。

三佐による小西議員への暴言事件はこの閣議決定の後である。防衛省・自衛隊お得意の忖度が三佐の処分に含まれたのではないだろうか。こうして防衛省・自衛隊は「時の政権」に恩を売り、自らの権限と立場を強化していくのである。

自らに都合よく情報を隠蔽・改竄し、シビリアン・コントロールを形骸化させ、自衛隊をひたすら軍事的方向へと導く政府のもとで危険に曝されるのは、自衛隊員一人ひとりの命であり、そして、この国の安全保障そのものにほかならない。

二〇一八年七月

半田　滋

半田 滋

東京新聞論説兼編集委員，獨協大学非常勤講師，法政大学兼任講師．1955年栃木県生まれ．下野新聞社を経て，91年中日新聞社入社．92年から防衛庁取材担当．東京新聞編集局社会部記者，編集委員を経て，2011年11月より論説委員兼務．93年防衛庁防衛研究所特別課程修了．07年，『東京新聞』『中日新聞』連載の「新防人考」で第13回平和・協同ジャーナリスト基金賞(大賞)を受賞．著書に『「戦地」派遣 変わる自衛隊』(2009年度JCJ賞)，『日本は戦争をするのか』(以上，岩波新書)，『3.11後の自衛隊』『「北朝鮮の脅威」のカラクリ』(以上，岩波ブックレット)，『零戦パイロットからの遺言』『僕たちの国の自衛隊に21の質問』(以上，講談社)，『集団的自衛権のトリックと安倍改憲』(高文研)，『ドキュメント防衛融解 指針なき日本の安全保障』(旬報社)など．

検証 自衛隊・南スーダンPKO
——融解するシビリアン・コントロール

2018年8月28日　第1刷発行

著　者　半《はん》田《だ》 滋《しげる》

発行者　岡本 厚

発行所　株式会社 岩波書店
〒101-8002 東京都千代田区一ツ橋2-5-5
電話案内 03-5210-4000
http://www.iwanami.co.jp/

印刷・三秀舎　製本・松岳社

ISBN 978-4-00-061289-0　Printed in Japan